趣味物理

体验书

Interesting Physics

Experience book

舒锡莉◎主编

中国纺织出版社

国家一级出版社　全国百佳图书出版单位

内 容 提 要

本书精选了近200个充满趣味性的小实验，以图文并茂的形式引导中小学生一步步迈入变幻莫测的物理世界。本书包括：揭秘声音的传播、感受色彩斑斓的光、走进力与运动的世界、探索热与冷的奥秘、揭示神秘的电与磁以及寻找空气中隐藏的秘密等内容。

本书既可作为家庭亲子读物，也可作为中小学生课后辅导用书。

图书在版编目（CIP）数据

趣味物理体验书 / 舒锡莉主编. ––北京：中国纺织出版社，2017.7 （2020.2重印）
ISBN 978-7-5180-2549-7

Ⅰ.①趣… Ⅱ.①舒… Ⅲ.①物理学—青少年读物
Ⅳ.①04-49

中国版本图书馆CIP数据核字（2016）第083503号

责任编辑：赵晓红　　特约编辑：付　晶　　责任印制：储志伟

中国纺织出版社出版发行
地址：北京市朝阳区百子湾东里A407号楼　邮政编码：100124
销售电话：010—67004422　传真：010—87155801
http：//www.c-textilep.com
E-mail：faxing@c-textilep.com
中国纺织出版社天猫旗舰店
官方微博http://weibo.com/2119887771
三河市延风印装有限公司印刷　各地新华书店经销
2017年7月第1版　2020年2月第3次印刷
开本：710×1000　1/16　印张：13
字数：128千字　定价：25.00元

凡购本书，如有缺页、倒页、脱页，由本社图书营销中心调换

前言

　　兴趣是探索之门，体验是收获之锁，做任何事，有兴趣才能做好。我们这套书就像是打开探索科学的钥匙，为小朋友们循序渐进地讲解科学知识，在阅读过程中可以寻求爸爸妈妈、老师和同学的帮助，可以一起玩、一起做、一起学，让小朋友们的课外生活变得更加丰富多彩。

　　本书包括揭秘声音的传播、感受色彩斑斓的光、走进力与运动的世界、探索热与冷的奥秘、揭示神秘的电与磁以及寻找空气中隐藏的秘密等内容。本书分为"准备工作""实验方法""探寻原理"三个模块，在各章的内容选择方面，我们侧重选取可操作性强、易于实现的实验来写，其中我们选择把声学和光学放在前面，是因为这部分内容对小朋友们来说更为熟悉，更接近我们的日常生活。实验中的材料、工具都是源于生活，大家常见的生活物品，我们特别设置了"难易指数"一项，小朋友可以依此选择是否需要爸爸妈妈的帮助。当小朋友们看到这些与日常生活息息相关却又极不寻常的物理现象时，所激发出的探究欲望是家长们无法想象的，这对于开发小朋友们的认知能力是非常必要的。这种动手实验的形式使枯燥的文字阅读变成了一次美妙的探险，使神秘的科学知识变得可观、可感、可做，更容易吸引小朋友们的注意力，激发他们学习科学知识的兴趣。

需要注意的是，本书部分实验存在一定的危险性，小朋友们一定要注意安全，按照步骤规范进行。由于编者水平有限，书中不足之处在所难免，诚恳期待广大读者批评指正。

编　者

2016 年 10 月

目 录

第一章
揭秘声音的传播

1. 声音的产生

难易指数：★☆☆☆☆

 **准备工作**

一个硬卷筒，一张蜡纸，一卷胶带。

 **实验方法**

（1）把卷筒的一端用蜡纸封起来，然后用胶带粘紧，对着卷筒的另一端说话。

（2）手指轻轻地按在蜡纸上，你会感觉到蜡纸在振动，而声音听起来也比平时大。

原来声音是这么来的。

没错，声音来自于振动。

探寻原理

当你对着卷筒口讲话的时候，由声带振动导致空气发生振动，而空气振动又引发蜡纸振动，从而产生了声音。世界上充满着许多有趣的声音，有些声音听起来非常悦耳，而有些声音听起来则很刺耳；有些声音很柔和，有些声音很强烈；有些声音很高，有些声音很低。小朋友，跟爸爸妈妈描述一下你都听到过哪些声音。

2. 声音的传播

难易指数：★★☆☆☆

准备工作

一个金属勺子，一根细绳，一个宽口玻璃杯。

实验方法

（1）用细绳把勺子拴起来，同时将勺子固定在细绳的中间位置。

（2）把绳子的两端分别缠绕在双手的食指上，多缠绕几圈。把手指插入耳朵内，再用金属勺子触碰玻璃杯，等它垂下，把缠绕的线拉直时，你就能听到和敲钟一样的响声了。

声音好大啊，真的跟敲钟一样。

当然了，这就是声音在传播。

探寻原理

通过撞击玻璃杯，金属勺子会产生振动。这种振动会通过细绳和人的手指传递到耳膜。这说明声音不仅能在空气中传播，还能在固体中传播。实际上，声音能在固体、液体、气体等介质中传播，声音在不同介质中传播的速度也是不同的。

3. 简易电话筒

难易指数：★ ★ ☆ ☆ ☆

两个纸杯，一根棉线，一根牙签，两个小伙伴。

（1）用牙签分别在两个纸杯的底部中央扎一个孔。

（2）将棉线的两端分别插进两个小孔，并在杯子里面打结。

（3）一人拿一个纸杯，拉直棉线，让对方对着纸杯说话，另一个人则将纸杯贴在耳朵上。

探寻原理

　　当有人对着纸杯说话时，纸杯的底部会振动起来。棉线会把这个振动传到另一个纸杯的底部，使得另一个纸杯底部也跟着振动起来，于是我们就能听到声音了。电话通信和这个道理一样，主要通过声能与电能相互转换，并通过电来传输语音。

4. 高低音实验

难易指数：★ ☆ ☆ ☆ ☆

 准备工作

一把直尺（长约1米），一张桌子。

 实验方法

（1）将直尺放在桌子上，直尺的一端伸出桌面大约25厘米。

（2）用手将直尺的一端用力压在桌面上。

（3）另一只手将直尺的另一端用力往下压，然后快速地松开手。

（4）当直尺还在振动时，快速地在桌面上前后移动直尺，同时注意听声音的变化。

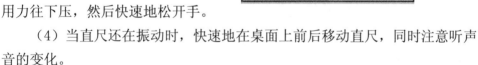 **探寻原理**

我们知道声音是由振动的物体产生的。物体振动的频率增加，物体发出的声音就会变高。振动材料的长度越长，上下振动的速度就越慢，所产生的声音就越低。缩短直尺振动的长度，会使直尺上下的振动加速，从而使声音变高。

5. 吸管笛子

难易指数：★★★☆☆

 **准备工作**

一根吸管，一把尺子，一把剪刀，一支签字笔。

 **实验方法**

（1）在吸管一端的两侧各剪下 1.3 厘米，这段可以用来做笛子的簧片部分。

（2）将剩余的吸管做成一个笛子。

（3）将簧片部分放入口中。

（4）用嘴唇压住簧片，吹奏吸管笛子。多试验几次，并且改变双唇的压力，直到它发出声音。

（5）当你在吹奏吸管笛子时，逐一将吸管笛子的尾端剪掉一截，你会听到不一样的音调哦。

 **探寻原理**

实验中你会发现，吸管越短，笛子发出的音调就越高。这是什么缘故呢？声音是由吸管以及吸管里面的空气的振动而产生的。当我们咬扁吸管时，吹入的气流不能顺利通过，气流撞击到吸管笛子不规则的内壁，引发了共鸣。音调的高低则取决于吸管笛子的长度，长吸管笛子产生低音共鸣，短吸管笛子产生高音共鸣，因此，我们在吹奏吸管笛子时，剪掉一截，就会听到不一样的音调。

6. 制作手风琴

难易指数：★★★☆☆

准备工作

一根吸管，一把剪刀，一卷透明胶布，一把尺子，一支笔。

实验方法

（1）用尺子在一根吸管上量出2.5厘米，做上标记，用剪刀剪下来。

（2）重复上一步，让其余6根剪下来的吸管都比前一根剪下来的吸管长2.5厘米，这样就能得到7根长度不一的吸管了。

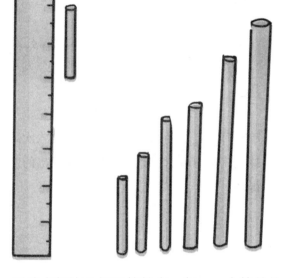

（3）将吸管从长到短排列，用胶布把这7根吸管粘在一起，一个简单的手风琴就制作成功了。试着吹奏口风琴，就能听到美妙的琴声了。

探寻原理

吹吸管的时候，嘴里吹出去的气流会振动吸管内的空气，产生驻波。吸管越长，驻波越长，波的频率就越低，而发出的音调也就越低；反之，吸管越短，音调就越高。

7. 气球扩音器

难易指数：★☆☆☆☆

 **准备工作**

一个气球，一根细绳。

 **实验方法**

（1）把气球吹大，用细绳将气球口扎紧。

（2）用手轻轻敲击气球，听听气球发出的声音。

（3）把气球贴近耳朵，用手轻轻敲击气球上距离耳朵最远的部位。你会发现第二次敲击气球发出的声音远比第一次敲击时发出的声音大得多。

探寻原理

气球内的空气被压缩了，空气分子之间的间隔比外界要小得多。相比之下，气球内的空气传播波的能力比外界要强。因此，第二次敲击气球时，听到的声音比较大。声音的传播速度与传播介质有很大关系。通常情况下，声音在固体中的传播速度大于液体中的，而液体中的又大于气体中的。对于同一种介质来说，温度越高，声音传播速度越快。

8. 不一样的气球

难易指数：★★☆☆☆

准备工作

两个气球，两根细线，一张桌子，水龙头和自来水。

实验方法

（1）把一个气球吹起来，用细线扎好，放在一旁备用。

（2）把另一个气球的吹嘴扎在水龙头上，拧开水龙头，慢慢地往气球里面加入自来水，当气球膨胀到和第一个气球一样大的时候，停止加水，用细线扎好。

（3）把两个气球并排放在桌子上，用手轻轻敲击桌面，把耳朵贴在这两个气球上，依次听声音。

（4）这两个气球发出的声音不一样，在装满自来水的气球前能够听到比较清晰的声音。

探寻原理

我们能听到声音，是因为空气受到了声波振动的影响。实际上，空气中含有许多细微的分子，这些分子之间存在一定的间隔，这种间隔比水分子之间的间隔要大得多。而分子的间隔越大，传送声波的能力就越差。所以，水传播声音的能力要比空气强一些。

9. 声音，你在哪里

难易指数：★★☆☆☆

准备工作

一块柔软的布，一个玻璃杯，一个勺子，一个小伙伴。

实验方法

（1）用布将你的小伙伴的眼睛蒙起来，同时让她安静地坐在屋子的正中央。

（2）你一会儿站在她的正前方，一会儿站在她的正后方，并拿着玻璃杯轻轻地敲，请她说出玻璃杯的位置。

（3）好奇怪呀！明明是正前方，她却指着方向完全相反的正后方！可是当你不站在她的正前方或者正后方，她就不会出现这么严重的错误了。

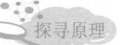
探寻原理

当你不站在小伙伴的正前方或者正后方时，小伙伴距离发声体比较近的那只耳朵会先听到发出的声音，并且听到的声音也相对较大，所以，她能准确地判断出发声体的位置；而当你站在她的正前方或者正后方的时候，她的两只耳朵同时听到了声音，所以她无法判断出发声体的准确位置。

10. 谁在说话

难易指数：★☆☆☆☆

 准备工作

登上山顶。

实验方法

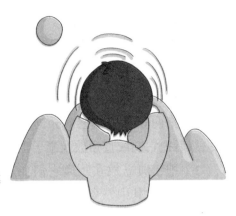

（1）站在山顶上，对着谷底大喊："大山，你好！"

（2）没一会儿，远处山峦传来悠远的回声："大山，你好！"

为什么会有回声呢？

声音碰到障碍物时，就会发生反弹，我们就会听到回声。

探寻原理

在空旷的地方，回声会比较模糊，因为声音的振动向四处散开，能量就会消失，如果在谷底这种相对封闭的空间里，回声就比较明显。

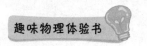

11. 回音壁实验

难易指数：★★☆☆☆

准备工作

一块机械手表或一个闹钟，两张手工纸，一本厚字典。

实验方法

（1）把两张手工纸卷成相同长度的纸筒，然后把它们成直角放在桌子上。

（2）把字典立放在距离它们10厘米左右的后面。在其中一个纸筒一端放一块机械表或闹钟，贴近另一个纸筒一端听。

（3）调整两个纸筒夹角的角度，直到你能听到最清晰的声音。

（4）测量一下两个纸筒与字典形成的夹角，你会发现它们的角度是相同的。

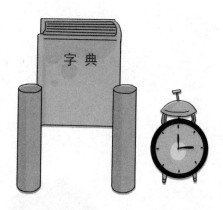

探寻原理

这个实验说明声音是可以被反射的，而且声音的反射角等于入射角，我国古代建筑中就应用过这样的原理。例如，北京天坛的"回音壁""三音石"和"圜丘"就是利用声音的反射修建的。空旷的房间里听到的声音比平时的大，是因为回声反射的速度很快，它和原声混合在一起，使声音听起来变大了。

12. 阳光跟随声音跳舞

难易指数：★★★☆☆

准备工作

一个空罐子，一个开罐器，一个气球，一把剪刀，一根橡皮筋，一块镜片或者一片铝箔，胶水。

实验方法

（1）选择一个晴天，用开罐器把空罐子的上下底部剪掉。

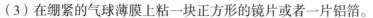

（2）把气球剪破，平铺在罐子的一个敞口上，用橡皮筋固定。

（3）在绷紧的气球薄膜上粘一块正方形的镜片或者一片铝箔。

（4）试着用这块镜片或者铝箔接住窗外的阳光，并且移动罐子，直到阳光被反射到墙上为止。

（5）把嘴凑近罐子的另一个敞口，朝里面大声叫喊。同时，仔细观察墙上那块正方形阳光的变化。在你叫喊的同时，那片正方形的阳光也动了起来。

难道阳光也能跟着声音走？

这是因为气球薄膜吸收了声音的振动后，也开始振动起来。粘在薄膜上的镜片或者铝箔也随之振动。最后，被反射到墙上的阳光也随着你发出的声音一起舞动起来。

探寻原理

声源体发生振动会引起四周空气振荡，这种振荡方式就是声波。当声以波的形式传播，我们称之为声波，声波借助各种媒介向四面八方传播。

13. 这是我的声音吗

难易指数：★☆☆☆☆

 准备工作

带录音功能的手机

 实验方法

（1）打开手机录音，按下"开始录音"的按钮。

（2）提示开始录音以后，开口说话。然后按"回放"键，听一下自己刚才说话的声音。

 探寻原理

通常，我们说话时，声音会沿着两条不同的渠道传播，一条是通过空气传播，这个传播途径上的声音可以被其他人听到，另一条是通过头骨传播，这个传播途径上的声音只有你自己能听到。

（1）通过空气传播的声音容易受周围环境的影响，在到达其他人的耳朵时，要通过外耳、耳膜、中耳，最后进入内耳，这个过程中，它的能量和音色都会发生改变。

（2）通过头骨传播的声音是经过喉管与耳朵之间的骨头直接到达内耳的，声音的能量和音色的衰减和变化相对很小。

因此，你平时听到自己的声音和通过录音听到自己的声音会存在一定的差异，甚至无法分辨出自己的声音。

14. 有预兆的声音

难易指数：★★☆☆☆

 准备工作

一根细树枝，一个铁盒子，一根锡条。

 实验方法

（1）用力折细树枝，当它快要断裂时，仔细听它发出的声音。

（2）把铁盒子贴到耳边，用手压盒盖，盒盖被压下去了，与此同时，耳朵也听到了声响。

（3）拿一块不太厚的锡片，用双手反复地折弯它，你仔细听，是不是有不一样的声音？

 有嗞嗞……的声音。

这就是有预兆的声音。

探寻原理

当物体的结构遭到破坏或者即将崩溃时，会发出一些声响，熟悉这些现象，就能尽量避免事故的发生。

15. 变小的声音

难易指数：★ ★ ☆ ☆ ☆

准备工作

一个有盖子的广口瓶，一段铁丝，两个小铃铛，长纸条，火柴，一个锥子。

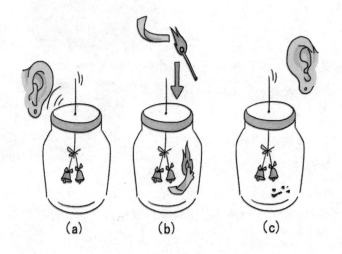

（a）　　　　　　（b）　　　　　　（c）

实验方法

（1）用锥子在广口瓶的瓶盖上打一个孔，把铁丝从小孔中穿出去，并在铁丝上拴两个小铃铛。

（2）把盖子盖到广口瓶上。这样，这两个小铃铛就放进瓶中了。摇晃一下，你能听到小铃铛发出的清脆声音。见图（a）。

（3）再打开盖子，用火柴点燃长纸条，马上将燃烧着的纸条投到瓶中，并迅速盖上盖子。见图（b）。

（4）等瓶中的火熄灭之后，再摇晃铃铛。你会发现小铃铛发出的声音变小了很多。见图（c）。

这个好奇怪啊?

其实没什么,主要是缺少氧气的缘故。

探寻原理

实验中,我们将燃烧着的纸条投到瓶中,瓶中的空气会受热膨胀溢出一部分,同时,燃烧也消耗了瓶中的一些氧气。这样,瓶中的空气就相应减少了,声音的传播也因此受到了影响。这就是声音变小的秘密。

16. 我想听小鸟的声音

难易指数：★★☆☆☆

准备工作

两个纸杯，一根吸管，一把剪刀，胶布。

实验方法

（1）将一个纸杯倒过来，用剪刀在纸杯底部的中心位置剪一个三角形小孔，三角形的每条边长约1厘米。

（2）将吸管插入三角形小孔里，并用胶布把吸管固定住。

（3）用胶布把另一个纸杯和这个纸杯口对口地粘在一起（注意密封性）。向管内吹气，你就能听到鸟叫声了。

探寻原理

这是一个和共鸣有关的小实验，把两个纸杯粘在一起，就形成了一个密闭的共鸣箱。当你往吸管内吹气时，气体会通过三角孔进入杯内，杯内的空气受到振动，形成声波。而后声波在密闭空间内产生共鸣，使得声音的强度变大，因此传出来的声音也就变大了。这个传出来的声音就是"鸟叫声"。

17. 咦？绳子也能发出声音

难易指数：★★☆☆☆

 准备工作

一根细小而结实的绳子，一颗大纽扣。

 实验方法

（1）用绳子将纽扣穿起来，把纽扣移动到绳子的中间，并在绳子的末端打个结。

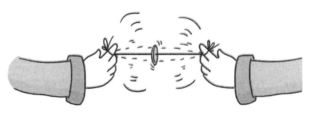

（2）把纽扣两端的绳子分别套在两只手的中指或食指上，朝同一个方向转动纽扣，当绳子拧成一股时，用力拉开绳子，再放松，再拉开，如此循环反复，直到绳子解开为止。

我听到了，就是那种"嗡嗡……"的声音。

这个就是振动产生的声音。

探寻原理

当拉开绳子时，纽扣就会迅速转动起来。纽扣的转动引起了周围空气的振动，由此产生了声音。

18. 好玩的拨浪鼓

难易指数：★★★★☆

准备工作

一个硬纸筒，两颗球状的纽扣，一根细线，胶布，牛皮纸，一次性筷子，一把剪刀。

实验方法

（1）分别将两颗扣子穿在两根线上。

（2）剪一段纸筒，在纸筒的两端糊上牛皮纸（一定要把纸绷紧，不要有褶皱），晾干。

（3）把筷子从纸筒穿过去，并用胶布固定住。

（4）把两根穿有扣子的线分别粘在纸筒的两边，线的长度刚好可以让扣子打在牛皮纸的中间。这样，一个拨浪鼓就制作成功了。

我想知道它是怎么发出声音的？

让我们一起来学习它的发生原理吧！

探寻原理

拨浪鼓在晃动的过程中，纽扣敲击了纸鼓面，使鼓壁振动起来，紧接着周围的空气也跟着振动起来，声音便扩向四周了。

19. 自制竹管笛

难易指数：★★★★★

 准备工作

一根竹管，一个软木塞，手钻，砂纸，胶水。

 实验方法

（1）用砂纸把一个小的软木塞打磨成竹管内径的大小，使它能够正好塞住竹管。

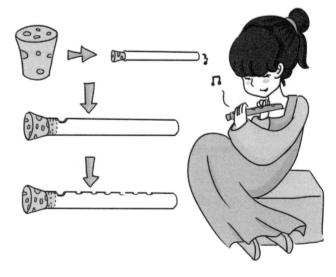

（2）用手钻在竹管的一侧钻出一个小圆孔，并用砂纸打磨。在距这个圆孔较近的一端塞入软木塞，软木塞与圆孔齐平，但不能堵塞圆孔。如果软木塞与竹管之间存在缝隙则容易漏气，必须用胶水从竹管口滴入，封住缝隙。

（3）你多吹几下小圆孔，确定竹管不会漏气，然后用这个标准来定音，小圆孔就成为笛子的吹孔。继续在竹管上钻孔，每钻一孔，都可以在吹孔中试音。笛音的准确性，取决于小孔的直径，可一边试吹，一边用砂纸打磨矫正孔洞，直到正确为止。

（4）除去吹孔，笛子上还应钻6个圆孔。吹奏笛子时，松开按住笛孔的不同手指，就能够演奏出不同的音阶。

竹管笛子
太棒了!

一起来看
看笛子的发声
原理吧!

探寻原理

　　我们吹笛子的时候,气流会进入笛子内部,笛子内部的压强相应减小,于是笛子尾部的气体就会向笛子内部运动。我们不停地往笛子里面吹气,两股气流在笛子内部积压、碰撞进而引起笛膜的振动,并发出声音。松开其中一根手指,气流就会从这个小孔冒出,大量的气流聚集在这里,也会引起笛子的振动,并改变声音。这个实验需要爸爸妈妈和孩子一起来完成哦!

20．橡皮筋吉他

难易指数：★★☆☆☆

准备工作

一个正方形的纸盒，卫生纸轴，铅笔，几根粗细不同、长短不一的橡皮筋，胶水。

实验方法

（1）在正方形纸盒的底部画一个圆。

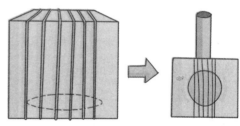

（2）把粗细不同、长短不一的橡皮筋分别绕在纸盒上进行调音，记住每根橡皮筋的音调，再根据橡皮筋发出音调的高低进行排序。

（3）用胶水把卫生纸轴固定在纸盒的一端，一把吉他就制成了。

吉他的声音真是太美妙了！

探寻原理

细橡皮筋振动的比较快，发出的音调比较高。粗橡皮筋振动的比较慢，发出的音调也比较低。而橡皮筋拉得越紧，振动就越快，短橡皮筋套在纸盒上时，会比长橡皮筋拉得更紧，所以会发出比较高的音调。

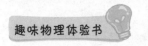
21. 弦乐器发出的声音

难易指数：★★★★★

准备工作

两个小桶，两桶石头，两支铅笔，一团细弦，一把剪刀，一张桌子。

实验方法

（1）剪一段细弦，其长度大约为桌宽的两倍。将细弦横跨过桌子，并把细弦的两端分别绑在一只桶上，使桶悬空。

（2）把铅笔放在细弦下方的桌子边缘。同时，将每只小桶装半桶石头。

（3）用手指拨动细弦的中间部分，聆听声音。

（4）将两支铅笔靠近一些，再拨动细弦的中间部分，聆听声音。

（5）把桶装满石头，将铅笔移到不同的地方。每次铅笔移动位置时，都试着拨动细弦，聆听声音。

探寻原理

弦乐器发出的声音是靠弦的振动产生的，音调的高低与弦的粗细、长度、松紧及振动频率有关。通过这个实验，小朋友可以更好地掌握弦乐器的发音原理。

22. 易拉罐弹奏的美妙音乐

难易指数：★★★★☆

 准备工作

一个易拉罐，一把小刀，一根筷子，一个锥子，一根细线，一卷胶布。

 实验方法

（1）用小刀在易拉罐的侧面划一个长约5厘米，宽约1厘米的小洞。（注意不要划伤手）

（2）在易拉罐的底部凿开一个小孔。（孔不要太大，只要能让细线穿过去就可以了）

（3）折断一根筷子并使其长度小于5厘米。在易拉罐的底部用锥子凿一个小孔。让细线从小孔中穿过去，并从侧面的洞里穿出来。把折断的筷子绑在细线上，并拉到罐里。用胶布将罐口密封，不断抽动细线，你就能听到易拉罐发出的奇妙声音了。

 探寻原理

实验中的声音来自于易拉罐侧面的洞口出入空气的振动。如果改变易拉罐侧面洞口的长度或转动的速度，易拉罐还会发出高低不同的声音。对于同一个易拉罐而言，因为空气在易拉罐中流动时会发生变化，也会发出高低不同的声音。

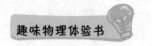
23. 玻璃杯音乐会

难易指数：★★☆☆☆

准备工作

八个玻璃杯，一根筷子，一支滴管，自来水。

实验方法

（1）把八个大小相同的杯子并排放在桌子上。

（2）把最左边的空杯子作为最高音Do，然后从左往右依次向杯子里面加自来水调音，音阶分别为Do、Re、Me、Fa、Sol、La、Si。音阶越低，往玻璃杯中加入的自来水就越多，为了让音阶更准确，可以用滴管往杯子内少量添加自来水。

（3）调好音后，用筷子敲打杯子，就能弹奏出动听的乐曲了。

探寻原理

本实验是讲声音的振动频率，而声音振动的频率与物体的质量有关。物体的质量越大，发出的声音就越低；反之，发出的声音就越高。因此，水最多的那个杯子发出的声音最低，水最少的那个杯子发出的声音最高。

24. 会跳舞的干木屑

难易指数：★★☆☆☆

 准备工作

少许干木屑，一根橡皮筋，一张塑料薄膜，一个圆铁盒，一个小铁盆，一把勺子。

 实验方法

（1）把塑料薄膜用橡皮筋平整地固定在圆铁盒上面。

（2）将一些干木屑末均匀地撒在塑料薄膜上。

（3）在铁盒上方用勺敲打小铁盆，然后观察塑料薄膜上的木屑。

（4）你会发现，干木屑在塑料膜上不停地跳来跳去。

探寻原理

敲打铁盆，会引起空气振动并产生声波。声波在传播过程中，遇到了圆形铁盒上的塑料膜，塑料膜在受到声波能量的冲击后，也会产生振动，并把能量传给了木屑。所以，干木屑就会随着敲击铁盆的节奏跳动起来，看上去就像在跳舞一样。

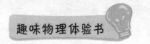

25. 会唱歌的瓶子

难易指数：★ ★ ★ ★ ☆

一小捆绳子，一把剪刀，一个空的塑料瓶，两把椅子，一个漏斗，三把勺子。

实验方法

（1）把漏斗插到塑料瓶里，倒满水，然后盖紧盖子。剪几根绳子，其中两根的长度要完全一样，其他几根长度不限。

（2）把这两根同样长的绳子，一根系在瓶子上，另一根系在勺子上。然后把另外三根绳子系上其他物体。剪一根长绳，系在两把椅子之间，拉紧。把五根系着物体的绳子的另一头系在长绳上。

（3）晃动瓶子，系着瓶子的绳子和长绳都会振动。另一根相同长度的绳子也开始振动和摆动，而其他长度的绳子则不动。

相同长度的绳子具有相同的固有频率。一个物体振动产生的声音能造成具有相同固有频率的物体振动，并发出声音。

26. 会"合唱"的高脚杯

难易指数：★ ★ ★ ☆ ☆

难易指数：★ ★ ★ ☆ ☆

 准备工作

两只薄壁的高脚杯，一张桌子，一块肥皂，自来水。

 实验方法

（1）用肥皂和自来水把手洗干净，用潮湿的手指沿着一个高脚杯的杯壁缓慢地摩擦。这时，杯子会发出一种响亮的声音。

（2）继续用手摩擦，你会发现，另一只高脚杯也开始"合唱"，好像两只杯子商量好了一样。

 探寻原理

用手指摩擦高脚杯的时候，玻璃杯会受到一定程度的冲击并开始振动、发出声音。此外，高脚杯的结构比较特殊，才会发出像"唱歌"一样的动人声音。第二只高脚杯之所以会出现"合唱"现象，主要是因为两只杯子在受到冲击时的高音相同。

27. 简易留声机

难易指数：★★☆☆

准备工作

一张纸，一根木棍，一张旧唱片。

实验方法

（1）把木棍一头削尖，另一头从中间慢慢劈开一条缝，将纸夹在缝隙里。

（2）把木棍削尖的一头立放在旋转的旧唱片中。

（3）你会听到旧唱片通过纸重新发出了音乐声。

想不到还能听到留声机里的音乐！

这是由于木头尖在唱片沟纹中振动，并且传递给纸，振动变成声波后，通过空气又传回了人的耳朵。

探寻原理

留声机是一种放音装置，它的声音储存在唱片（圆盘）平面上的弧形刻槽内（以声学方法刻出）。唱片放在转台上，在唱针下旋转。当唱盘转动速度与录音时一样，声音就被准确地恢复出来，如果不是，它所产生的振动频率与录音频率不同。各种各样的沙沙声来自于灰尘，引起唱针额外的运动。

28. 奇妙的听诊器

难易指数：★★★☆☆

准备工作

一张硬纸片，一把剪刀。

实验方法

（1）用剪刀把硬纸片剪成一个长方形，再把这个长方形卷成一个上粗下细的圆台体。

（2）参照圆台体两端口径的大小，从硬纸片上剪出两个圆环，让这两个圆环能密封圆台体的两端开口。

（3）把这两个环分别装在圆台体的两端，同时保证所有的地方都衔接紧密，这样一个完整的听诊器就制作好了。把听诊器口径大的一端放在爸爸的胸口上，口径小的一端放在自己的耳旁，看看能否听到爸爸的心跳声。

借助听诊器，我们可以将声音集中在一起，清晰地听到心跳声。

听诊器是法国巴黎纳克医院的医生拉埃奈克在19世纪初发明的。听诊器的应用，为医生诊断患者的心跳提供了很大的帮助。

探寻原理

听诊器有一个膜，贴在听诊部位，心脏或其他器官的运动引起的振动通过人体，传到听诊器的膜，通过膜的扩大作用，使听诊器软管内的气体振动，直接传到人耳内。听诊器实际上起的是放大作用。

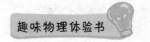

29. 声音还能灭蜡烛

难易指数：★★★☆☆

 准备工作

一个气球，一把剪刀，一根蜡烛，一盒火柴，一个硬纸筒，两根橡皮筋。

 **实验方法**

（1）用剪刀在气球上剪出两个圆片，把这两个圆片绷开，并用两根橡皮筋将圆片分别缠在纸筒的两端。

（2）在其中一端的圆片中间扎一个小孔。

（3）把蜡烛点燃后放在桌子上。拿起纸筒，让小孔对准蜡烛的烛心，用手轻轻敲击纸筒的另一端，使纸筒发出声响。

（4）你会发现，不一会儿，蜡烛就熄灭了。

难道声音还能带来风？

当然不是！让我们一起来看看它的原理吧！

 探寻原理

当你用手轻轻敲击纸筒上的圆片时，圆片会产生振动，而这个振动会沿着纸筒内的空气传播，并引起纸筒内空气的振动，最终将空气从小孔内挤出来，从而将燃烧的蜡烛吹灭。

30. 纸鞭炮的威力

难易指数：★★☆☆☆

 准备工作

一张厚纸，一把尺子，一张红色纸，一瓶胶水，一把剪刀。

 实验方法

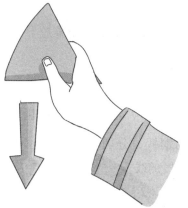

（1）用厚纸剪一个底边长25厘米、高25厘米的三角形。

（2）再用红色纸剪一个底边长25厘米、高10厘米的三角形。

（3）把两个三角形小心翼翼地粘在一起。再将三角形沿中线对折。把红色三角形折进厚纸做的三角形下面。

（4）举着"纸鞭炮"，伸直胳膊，稍微向上倾斜。猛地把胳膊向下抖，把红色的三角甩出来，你会听到很大的响声。

探寻原理

当你向下抖动胳膊时，空气猛然冲到厚纸三角形的底下，随着一声巨响把红色三角形顶出去。这个声音是纸撞击空气，使空气产生急速的冲击波振动发出来的。这个实验告诉我们，瞬间压缩的空气在释放时所产生的能量是巨大的。

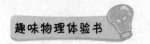
31. 铜钱钟摆

难易指数：★★☆☆☆

准备工作

三枚铜钱，三根长短不一的线，一根筷子。

实验方法

（1）准备三枚大小相同的铜钱，分别绑上三根不同长度的线。

（2）把系好铜钱的线按照短、中、长的顺序，将其另一端绑在筷子上，然后让小朋友来决定，让哪一枚铜钱摆动。

（3）选中后，对那个铜钱所在的位置施加驱动力，那枚指定的铜钱就会摆动起来。

探寻原理

这三根线绑着铜钱就像钟摆一样。较长的线摆动周期较长，但是速度慢；而较短的线摆动周期较短，但是速度快。不同频率的作用力能够让相应长度的线摆动，这就是共振现象。

32. 摆的等时性

难易指数：★★★★☆

 **准备工作**

两个大金属螺母，一根细绳，一把剪刀，一个秒表，两把一样的椅子。

实验方法

（1）用细绳拴住螺母，作为摆。

（2）背对背在地上放两把椅子，在椅子之间拉一根长绳。然后将系着螺母的绳子绑在这根绳子的中间。

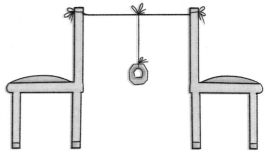

（3）将螺母拉向一侧，松开螺母开始计时，摆动一分钟，记下摆动次数。在绳子上多加一个螺母，绳子长度不变，重复步骤，记下摆动次数。

（4）把绳子剪断一半，再重复上面的步骤，记下摆动次数。

探寻原理

摆的摆越长，它的摆动周期就越长，而摆幅和摆锤的重量不影响摆的周期，这就是摆的等时性。实验中，改变摆的重量，不会影响摆的周期，但是绳摆的长短会影响摆的周期。这个现象最早由意大利物理学家和天文学家伽利略发现。而后荷兰物理学家和天文学家惠更斯利用摆的等时性原理发明了摆钟。

33. 转不停的风车

难易指数：★ ★ ☆ ☆

一个透明胶带，一张纸，一把剪刀，一根牙签，一根拉伸吸管，一根细铁丝。

（1）用透明胶带将牙签固定在可以弯曲的吸管前端。用纸做一个直径为1～2厘米的圆盘，在正中央挖个洞。在圆盘上涂上你喜欢的颜色。

（2）将纸盘套在吸管上的牙签前端，用细铁丝摩擦吸管的锯齿状部分，圆盘就会像风车一样转动起来。

风车的转动，是由细铁丝摩擦吸管的锯齿状部分时产生的振动造成的。如果摩擦吸管锯齿状部分的方法不对，风车就无法转动，这个实验需要多加练习才能成功。日常生活中，如果将振动的手机放在平滑的桌面上，手机也会不停地移动。它们的原理是一样的。

34. 隐藏噪声

难易指数：★★★☆☆

准备工作

一个小闹钟，一个带盖子的铁桶，一个纸盒，一个玻璃钟罩，一团棉花。

实验方法

（1）把正在响的闹钟放进盖紧的铁桶里，这时，你会发现，它的声音变小了。

（2）把闹钟用纸盒罩住，再用铁桶罩住。这样双层隔离之后，它的声音更小了。

（3）在桌面上放一团棉花，把闹钟放在棉花上，外面再用纸盒和铁桶罩住。此时，你会发现，闹钟的声音几乎消失了。

探寻原理

把小闹钟用铁桶盖起来的方法叫作隔声。工程上常用的是隔声间和隔声罩。实验中的做法表明如果在机器和固体之间放上具有防弹的物体，能把它传出来的噪声罩住。这种技术叫作隔振。工程上常用橡皮、软木、沥毛毡等材料隔振，也可以用各种弹簧来隔振。

35. 地震来了

难易指数：★★☆☆☆

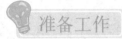 **准备工作**

六个易拉罐，一张厚纸板。

 实验方法

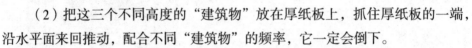

（1）先准备六个易拉罐，一个放着，剩下的五个分为两个一组和三个一组。每组易拉罐摞起来，用胶带固定好，呈长筒状。

（2）把这三个不同高度的"建筑物"放在厚纸板上，抓住厚纸板的一端，沿水平面来回推动，配合不同"建筑物"的频率，它一定会倒下。

探寻原理

这是一种共振现象，只要推拉厚纸板的频率与某个"建筑物"的振动频率相吻合，它就会倒下。一般来说，纸板动得快，矮的"建筑物"就容易倒下；动得慢，高的"建筑物"容易倒下。现实生活中有些建筑物遇到地震就会倒塌，这是因为建筑物自身的振动频率和地震波的频率相吻合，从而产生了共振现象。

第二章
感受色彩斑斓的光

1. 光的直线传播

难易指数：★★★★☆

准备工作

一个汽车灯泡，一个普通灯泡，一个汽车灯电源，一个金属球壳，一个光屏，一个支架。

实验方法

（1）参考右图的模式摆放好设备。汽车灯泡具有密绕的灯丝，可以作为点光源使用。普通灯泡的灯丝线度较大，可以作为扩展光源使用。

①汽车灯泡；②普通灯泡；③汽车灯电源；
④金属球壳；⑤光屏；⑥支架

（2）接通汽车灯电源，适当移动金属球壳的位置。可以观察到，金属球壳在光屏上的影子是一个圆面，半影可以忽略。

（3）用普通灯泡取代小的汽车灯泡。可以观察到，半影增大，而且不可忽略。实验表明，在这种条件下，普通灯泡不能看作点光源。

探寻原理

光的直线传播定律：在真空中，或者在均匀的介质中，光是沿着直线传播的。

这里，我们把光的传播理解为绝对的直线传播，严格来说，这是片面的。在一定的条件下，光像声波、水波一样，也会绕到障碍物的后面去。

2. 针孔投影

难易指数：★ ★ ★ ☆ ☆

准备工作

一个具有长灯丝的灯泡，一个圆筒，一张薄青壳纸，一个锥子，一个会聚透镜。

实验方法

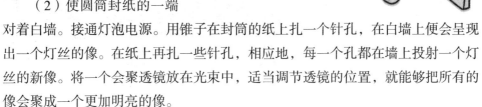

（1）把灯泡密封在圆筒的一端，把一张薄青壳纸密封在圆筒的另一端。

（2）使圆筒封纸的一端对着白墙。接通灯泡电源。用锥子在封筒的纸上扎一个针孔，在白墙上便会呈现出一个灯丝的像。在纸上再扎一些针孔，相应地，每一个孔都在墙上投射一个灯丝的新像。将一个会聚透镜放在光束中，适当调节透镜的位置，就能够把所有的像会聚成一个更加明亮的像。

探寻原理

实际上，早在两千三百多年前，春秋时代的墨翟在著作《墨经》里就有"景倒，在午有端"的记载。表明他对光的直线传播以及小孔成像的实验已有过研究，指出成倒像是因为中间有小孔的关系。在西方，最早的要算欧几里德的光学记载。但在他的记载中只是假定光有直进性，而没有实验，在时间上要比墨翟晚一百多年。由此可见，我国古代的劳动人民对几何光学的研究是有过巨大贡献的。

3. 在黑暗中测试光的反射

难易指数：★☆☆☆☆

准备工作

一个密封的盒子或者箱子，一个小球，一支铅笔，手电筒。

实验方法

（1）在一个可以密封的盒子或者箱子的侧边钻一个小孔，把一个球和者一支铅笔放进去，盖上盒子，透过小孔往里看。

（2）掀开盖子，再往小孔里看。

（3）盖上盖子，你什么也看不见。掀开盖子，你能看见球和铅笔。把亮着的手电放在盒子里，你能看见手电筒、球和铅笔。

（4）想一想，如果没有光，我们的生活将会变成什么样子？

探寻原理

通常情况下，来自太阳、手电筒或者其他发光体的光，是直接从光源进入我们眼睛的，比如，我们看星星、电灯、火光等。但是我们在黑暗中看不到球和铅笔。只有当手电筒发出的光碰到球和铅笔以后，反射到我们的眼睛里，我们才能看到。

4. 从铅笔看光的折射

难易指数：★☆☆☆☆

 准备工作

一支铅笔，装有半杯水的玻璃杯。

 实验方法

（1）把一支铅笔放在装有半杯水的玻璃杯里，从玻璃杯的上部、底部、侧面看这支铅笔。

（2）你会发现：当你从旁边看这支铅笔时，铅笔看起来像从入水的那个地方折断了似的。

探寻原理

这是因为光线从密度较小的空气中进入密度较大的水中时，光的传播速度减慢，所以看起来铅笔（实际上是铅笔反射的光线）像弯折了一样。在空气中光的传播速度是30万千米/秒，在水中只有在空气中传播速度的3/4，这种现象就叫作光的折射。本实验中的铅笔可以换成尺子或筷子。

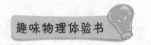

5. 玻璃瓶变身放大镜

难易指数：★☆☆☆☆

准备工作

一个洁净的玻璃杯或瓶子，一张有字的纸，自来水。

实验方法

往一个洁净的玻璃杯或瓶子里倒水，把一张有字的纸靠在瓶子上，在另一面阅读纸上面的字。你会发现，字被放大了。

玻璃瓶还能当放大镜用，好神奇啊！

当然了，一定要用干净的玻璃瓶。

探寻原理

因为玻璃杯或瓶子是曲面，光线是倾斜地进入瓶子里的。当光线穿过水时，水又改变了它们的方向，所以字就被放大了。实际上，这就是放大镜的工作原理。

6. 小水滴也能用作放大镜

难易指数：★★★☆☆

准备工作

一张硬纸片，一块透明胶布，一支滴管，一张透明薄膜，一支玫瑰花，一个手电筒，手钻，自来水。

实验方法

（1）在硬纸片的中间钻一个小孔，把透明薄膜盖在这个小孔上。

（2）用胶布把薄膜的四个角固定在硬纸片上。轻轻地在薄膜上滴几滴自来水，这样，一个简单的水滴放大镜就制成了。

（3）把玫瑰花放在硬纸片下面，将硬纸片侧边折一下，使其与花朵保持一定的距离。

（4）打开手电筒，让光线对准水滴。你会发现玫瑰花变大了。（如果图像模糊，有可能是硬纸片与玫瑰花之间的距离不合适，可做适当调整。）

探寻原理

实验中，把自来水滴在薄膜上后，薄膜的中间厚、四周薄，就制成了一个凸透镜。凸透镜能够放大物体，这就是水滴变成放大镜的原理。

7. 纸上的彩虹

 准备工作

一张白纸，一个玻璃杯，水。

 实验方法

（1）选一个大晴天，把白纸铺在阳光能照射到的地方。

（2）将水倒进玻璃杯里，把水杯放在白纸上方约10厘米的地方。

（3）没过多久，你会看见白纸上出现了一道"彩虹"。

探寻原理

我们看见的太阳光其实是由一些不同波长和不同颜色的光组成的，杯子里的水可以折射光束，把太阳光分解成光谱上的七种颜色，所以白纸上就映出了一道"彩虹"。彩虹一共有七种颜色，从外至内分别为：红、橙、黄、绿、蓝、靛、紫。空中的彩虹是阳光照射空气中的水珠形成的，水珠折射太阳光形成了光栅——美丽的虹。

8. 肥皂泡里的彩虹

难易指数：★☆☆☆☆

 准备工作

一个盆，一个杯子，洗发水，灯光。

 实验方法

（1）打一盆水，滴入几滴洗发水，搅动一下制成肥皂液。

（2）拿一个玻璃杯，轻轻将杯口浸入肥皂液中，然后拿起，放在灯光下。

（3）一会儿，你就会在杯口的肥皂膜上看到可以流动的彩虹。

 探寻原理

　　灯光是由各种波长不同的光组成的，灯光穿过杯口的肥皂膜照到杯子内壁，杯子内壁反射的光和肥皂膜表面反射的光产生了叠加，这就造成了光的干涉，使得各色光的口径不同，且长短不一，因此形成了彩虹。

　　灯光刚照到肥皂膜上时，肥皂膜太厚，灯光照到肥皂膜上一段时间以后，肥皂膜又太薄，这两种情况下都无法产生干涉现象。

9. 眼中的灰尘

难易指数：★★☆☆☆

准备工作

一张硬纸板，一根针，一个毛玻璃灯泡。

实验方法

（1）在一张硬纸板上用针扎一个孔，通过针孔观察发光的毛玻璃灯泡。

（2）观察一会儿，你就会发现有很多微小的絮状物体在你面前浮动。

没想到灰尘能起到这么大的作用呢？

"存在即合理"用来形容灰尘真是太合适不过了！

探寻原理

在我们日常生活的空气中，散布着很多灰尘。灰尘可以反射阳光，让太阳照不到的室内也像户外一样明亮，是灰尘帮助我们看见东西。如果没有灰尘，在阳光照不到的地方，我们什么也看不到。

10. 变清晰的镜子

难易指数：★☆☆☆☆

 准备工作

浴室里的镜子，肥皂。

 实验方法

（1）洗完澡以后发现镜子上布满了雾珠，这个时候照镜子完全看不清自己。

（2）在起雾的镜子上，擦上一层薄薄的肥皂。用清水冲洗干净，镜子一下子变得清晰了。

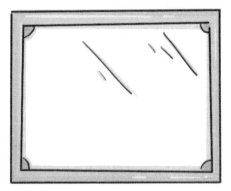

 探寻原理

镜子起雾是因为小水滴在其表面引起了漫反射。长期使用的镜面上都存在污垢，不容易被水沾湿，而镜面具有疏水性，水蒸气形成水滴会附着在镜面的污垢上，形成凹凸不平的表面，从而使得反射光线往不同方向无规则地反射。当我们擦上肥皂，镜面干净了，水滴和水滴之间得以在同一平面上联结，形成了一层薄膜，这时镜子表面就具有亲水性了，抑制了光的漫反射。

为了防止镜子起雾，我们可以买不起雾的喷雾剂，或者使用不起雾的镜子。小朋友，请想一想，除了这些方法外还有什么好办法呢？

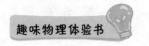

11. 如何看穿玻璃

难易指数：★★☆☆☆

准备工作

贴着毛玻璃的窗户，透明胶布，一把剪刀。

实验方法

（1）贴着毛玻璃窗户看屋外的景物，发现只能看见模糊不清的影像。

（2）用剪刀剪一段透明胶条贴在玻璃上，用手抹平，你会发现这个地方变得透明，能看清外面的景物了。

探寻原理

毛玻璃也叫磨砂玻璃、暗玻璃，因为透光不透视的特性，常用于办公室、浴室、卫生间等地方。因为毛玻璃的毛面高低不平，光线通过玻璃形成的折射是漫反射，无法在视网膜上形成清晰的图像。贴上透明胶布后，毛玻璃的表面就会变得平整，光线照在平整的毛玻璃上后，就可以完整地反射光线，并在视网膜上形成清晰的图像了。这样，我们就能看见毛玻璃后面的物体了。

12. 光线竟然会拐弯

难易指数：★★☆☆☆

准备工作

一个大矿泉水瓶，锥子，一把尺子，激光笔。

实验方法

（1）在大矿泉水瓶距离底部约8厘米的地方扎1个小洞，用手指压住后装满水，再盖上瓶盖，并没有水漏出来。

（2）用激光笔从水瓶一侧对准瓶子上的孔，激光就会沿着水流以同样的弧度传播，而不是沿直线穿过去。

探寻原理

当激光笔的光以垂直于瓶壁的角度通过瓶中的水的时候，不能发生光的折射，从而全部被反射回水中，形成了全反射现象。光线在水中不断发生全反射，最后就完全和水流的方向一致了。

13. 从羽毛里看世界

难易指数：★☆☆☆☆

一间暗室，一根大羽毛，一根蜡烛。

（1）关闭房间里的所有光源。

（2）点燃蜡烛，在距蜡烛1米远的地方，将羽毛紧贴着眼睛观察蜡烛。

（3）你会发现，在你眼前出现的是排列成X形状的多个火苗，而且闪烁着光谱的颜色。

这个现象就是"光的衍射"。当我们通过羽毛观察蜡烛的时候，均匀排列的羽毛组成的缝隙之间，存在着比较锐利的边缘间隙，光线通过这里时被"折断"，即被引开，并把光谱中的颜色分解出来，因为羽毛有很多条缝隙，所以在我们眼前会出现多个火苗。

14. 自制幻灯机

 准备工作

一个反射灯泡，白色墙壁，一张图片，一个放大镜。

 实验方法

（1）在一间黑暗的房间里，用带有反射灯泡的灯照射白色的墙壁，在灯前面放一个放大镜。

（2）在灯前面放一张图片，你可以在墙上看到它的放大效果。

 探寻原理

我们打开灯后，光照到了图片上，接着又照到了放大镜上，之后放大镜在白墙上放大投射出图片的影像。调整物体、镜头、屏幕之间的距离，我们可以在屏幕上得到不同大小的像。

15. 纸怎么比镜子还亮

难易指数：★ ☆ ☆ ☆ ☆

准备工作

一面镜子，一张白纸，一个手电筒。

实验方法

（1）在一间漆黑的屋子里，用手电筒照白纸，你会发现白纸被照得非常清楚。

（2）用手电筒照镜子，你会发现镜子一片漆黑。

探寻原理

当光线遇到镜面后，会改变原来的方向，在新的运动方向上按规则前进。如果你的眼睛不在这个方向上，镜子的反射光就一点也不会进入你的眼睛，所以镜面看上去是黑的。只有把镜面转到某一个角度，使它反射的光正好进入你的眼睛，你才能看到它耀眼的光芒。而当光线照射在白纸上时，由于纸的表面凹凸不平，光束就被反射到不同的方向，形成了漫反射。

16. 颠倒两次的字

难易指数：★ ★ ☆ ☆ ☆

 准备工作

两面长方形的镜子，胶布，白纸，笔。

 实验方法

（1）把两面镜子用胶布粘在一起，就像打开一本书一样。

（2）把粘好的镜子立在桌子上，掰开镜子，使它们互相垂直。

（3）用笔在纸上写下"香蕉"两个字，把写好字的纸放在镜子前，然后观察镜中的字，你会发现，镜中的字不再是反的，而是正的。

探寻原理

实际上，从镜子里看到的字的镜像，是经过两面镜子先后反射形成的。每一面镜子都能使镜像颠倒一次，经过两次颠倒以后，你就会看到正的字了。

17. 深浅不一的树叶

难易指数：★★☆☆☆

 **准备工作**

　　一盆大叶植物，一张纸，若干个曲别针，一把小刀。

实验方法

　　（1）用小刀把纸裁成1厘米宽的小纸条，然后用曲别针固定在植物的叶子上。（注意别把植物的叶子弄破了。）

　　（2）把这盆植物搬到阳光下照射几天。

　　（3）一周后，拆掉叶子上的小纸条，就会发现叶子上出现了一条条深浅不一的纹路。

探寻原理

　　植物在阳光的照射下会产生叶绿素。植物上的浅色纹路是因为被纸条包裹住了不能产生叶绿素。做实验时，可以把纸剪成各种各样的形状，叶子上就会出现多种图案。我们在水果市场看到的有字的苹果，就是利用这个原理做出的效果。

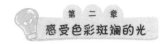

18. 彩色陀螺

难易指数：★★★☆☆

准备工作

一把尺子，一支铅笔，一个锥子，一张圆形的卡片纸，四支不同颜色的彩笔。

实验方法

（1）用尺子在圆形卡片纸上画一个"+"，将圆面平均分成四份。

（2）用彩笔分别给每部分涂上颜色。

（3）用锥子在圆心处扎一个洞，洞的大小以能穿过1支铅笔为宜。

（4）将铅笔笔尖向下穿过圆心处的洞。

（5）在两手之间转动铅笔，仔细观察圆面上的颜色，是不是有新的发现？

探寻原理

用四种颜色涂出来的彩色陀螺，旋转时，眼睛瞬间分别接受了各种颜色，但我们的眼睛适应于惯性，不可能跟上这样飞速变化的颜色，所以向大脑传递的信息就只是白色或浅灰色的表面。

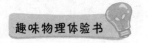
19. 锡纸煮鸡蛋

难易指数：★ ★ ★ ☆ ☆

准备工作

一副扑克牌，锡纸，双面胶，生鸡蛋，一个装有热水的小铁锅。

实验方法

（1）选一个晴天，把装有热水的小铁锅放在草地上，然后把生鸡蛋放进去。

（2）用双面胶将锡纸贴在扑克牌上，制成几十个小锡板。

（3）固定小锡板，并调整锡板的角度，使它反射的阳光都能射进小铁锅里。

（4）没过一会儿，你就会惊奇地发现，铁锅里的鸡蛋都煮熟了。

探寻原理

锡纸是一种不透光的材质，因此照过来的太阳光都被锡纸反射到了小铁锅里，聚集的大量光线在小铁锅里产生了很大的热量，很快就把鸡蛋煮熟了。

太阳能的应用还有很多，小朋友们想一想，还有哪些可以直接利用的太阳能？

20. 聚焦点火

难易指数：★☆☆☆☆

 准备工作

一个放大镜，一盒火柴。

 实验方法

（1）选择一个大晴天。把火柴放在地上。

（2）把放大镜放在太阳下，把火柴置于焦点下。不一会儿工夫，火柴就点燃了。

这个实验我做过。

你知道它的原理吗？

探寻原理

放大镜是凸透镜，能将平行光线反射到焦点上，太阳光于是被聚焦到一个点上，温度很快升高，当达到火柴着火的温度以后，火柴就点燃了。

21. 无字天书的秘密

难易指数：★★☆☆☆

含荧光剂的清洁剂，紫外线灯，一支毛笔，一张纸。

（1）用毛笔蘸一点清洁剂在纸上写几个字。

（2）将纸平放，一眨眼工夫，上面的字迹就消失了。

（3）打开紫外线灯，把写有字的纸放在灯光下，你会看到你刚才写的字在闪闪发光。

探寻原理

本实验中，清洁剂中含有的荧光剂在受到紫外线辐射时，电子被激发跃迁到高能级，获得能量期间放出光子。于是我们就看到了闪闪发光的字。常用的荧光剂有硅酸锌、硫化锌镉、荧光黄、桑色素等。荧光剂是一种复杂的有机化合物，其主要成分是二苯乙烯类衍生物，比如，一些唇膏、洗衣粉当中就含有荧光剂。荧光剂有一定的毒性。

22. 透视信封里的文字

难易指数：★ ☆ ☆ ☆ ☆

 准备工作

一个信封，一张卡片，一支图画笔，一瓶发胶，一瓶胶水。

 实验方法

（1）用图画笔在卡片上写一些字，然后装进信封，密封好。

（2）在信封上喷上发胶，没过多久信封就变得透明了，里面的文字清晰可见。

探寻原理

信封用纸是由纤维构成的，而纤维之间有很多空隙，一般是不透光的。但是喷上发胶以后，发胶填充在这些纤维的空隙之间，形成了光的传播通路，光线于是传播进去，我们就可以看到信上的字了。由于发胶挥发性强，之后也不会留下痕迹。

23. 消失的数字

准备工作

偏光太阳镜，电子手表。

实验方法

（1）戴上太阳镜，可以看清电子手表上的数字。

（2）开始旋转手表，旋转的同时观察手表上的数字，你会发现数字忽然消失了。

（3）继续旋转一会儿，数字又重新显示了。

探寻原理

光从各个方向射向人眼，偏光太阳镜会过滤掉垂直方向射过来的光。因为发光的物体发出的光都是水平的，当光线与太阳镜片成直角时，就会被偏光太阳镜截住，这时我们就看不见电子手表上的数字了。

24. 硬币去哪儿了

难易指数：★★☆☆☆

准备工作

一枚硬币，一个杯口比底部大的玻璃杯，自来水。

实验方法

（1）将玻璃杯压在硬币上，我们可以看到硬币。

（2）往玻璃杯里加满自来水，再从杯子的侧面看去，发现看不见硬币了。但是从杯口向下看的时候，又能看到硬币了。

（3）把玻璃杯底部与硬币周围沾上自来水，再来做这个实验，从杯子侧面看时，又能看到硬币了。这是怎么回事呢？

探寻原理

当光进入玻璃杯中的水时会发生折射，这使得大部分光线以很大的入射角射向杯子的侧壁。接着，一部分从玻璃杯壁上反射回来的光线又折射到了水中，并从杯口射出，所以从杯子的侧面看不到硬币。但是杯底和硬币沾上水后就不一样了，硬币反射出的光线会从水中穿过杯底再进入杯子里的水中，因此，我们可以从侧面看见硬币。

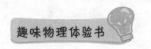

25. 不断变颜色的水

难易指数：★☆☆☆☆

准备工作

一个透明杯子，一瓶红药水，水，一盏灯。

实验方法

（1）把透明的杯子装满水，然后滴入1滴红药水。

（2）把杯子举向灯光，透过杯子，看到水是粉红色的。接着把杯子移开灯光，看到水又变成绿色了。

**探寻原理**

粉红色光是透射光，第二次看到的光线是反射光。我们看到的粉红色，是溶液中的色素吸收了蓝紫光后，形成荧光重新辐射出来的。因为能量在吸收—辐射过程中有一部分转化成热能损失了，所以荧光是比蓝紫光能量少的红光。而且色素对绿光来说几乎是透明的，透过的绿光很多，反射的绿光很少。因此，从透射方向看是绿光为主，我们看起来是绿色的，从反射方向看，是红色的荧光为主，我们看起来就是红色的。

26. 什么颜色的衣服先干

难易指数：★★☆☆☆

 准备工作

自来水，一件纯棉白色T恤，一件纯棉黑色T恤，两个晾衣架。

 实验方法

（1）选择一个晴天，把这两件T恤放在自来水里浸湿。

（2）取出这两件T恤，略拧干。然后把这两件T恤晒在有阳光的地方。

（3）一段时间后，你会发现黑色的T恤先干了。

以后可以冬天买黑色的衣服，夏天买浅色的衣服！

没错，是得这么买，冬暖夏凉，哈哈……

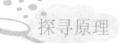 探寻原理

在同样条件下，不同颜色的物体对太阳光的热的吸收能力不同。白色吸热慢，黑色吸热快。因此，黑色的衣服会先晾干。

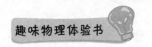
27. 天空的颜色

难易指数：★★☆☆☆

准备工作

一个透明塑料杯，一瓶牛奶，自来水，一支滴管，一个手电筒。

实验方法

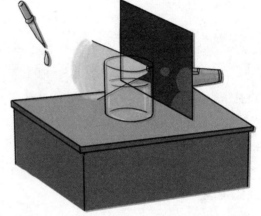

（1）在塑料杯中加满水。

（2）往杯里滴入几滴牛奶，使水稍显浑浊。

（3）关上房间内的灯，并且拉上窗帘，使得房间变暗。

（4）打开手电筒，让光束平行穿过杯子，此时从上向下看杯子，你会发现杯子里的水颜色变成像天空一样的蓝色。

探寻原理

当你把牛奶滴入水中，由于牛奶微粒的散射作用，使得手电筒的光看得更清楚了。微粒能散射光线中的蓝色光，所以你会看到天空一样的蓝色。地球的大气层中也是因为细尘和水滴的散射，使得天空看起来是蓝色的。而日出和日落时，由于阳光从不同角度穿过更多粒子，其他光线也会被散射，从而表现出其他的颜色。

28. 黄色的汽车雾灯

难易指数：★★★☆☆

准备工作

　　一个透明玻璃杯，一包牛奶，水，红、黄、绿、蓝、紫颜色的玻璃纸各一张，一把剪刀，一双筷子，测光仪，一个手电筒。

实验方法

　　（1）向玻璃杯中倒入牛奶和水，并用筷子搅拌均匀。

　　（2）5种颜色的玻璃纸各剪下1块，大小要能覆盖手电筒的镜头部分。

　　（3）分别用玻璃纸裹住手电筒前端镜头，打开手电筒，让光线穿透玻璃杯，并且照射在测光仪上，分别记录测光仪上的数字。

探寻原理

　　红色光和黄色光在所有可见光中，波长是最长的。光在传播过程中，遇到两种均匀媒质的分界面时，会产生反射和折射现象。当光在不均匀媒质中传播时，一部分光线会向四面八方散射开来，形成光的散射现象。波长短的光受到的散射最厉害，因此在上面的实验中，红色和黄色的数字是最高的。

29. 潜望镜为什么能看到海面

难易指数：★★☆☆☆

 准备工作

两面小镜子。

 实验方法

（1）右手拿着一面小镜子高高举起来，让镜面略微向下倾斜。

（2）左手拿着另一面小镜子，向前平举，让镜面略微向上倾斜。

（3）调整两面镜子的角度，直到能从左手中的小镜子内看到右手中小镜子里的景物为止。

 **探寻原理**

上述实验就是模拟了潜望镜的工作过程。来自海面上的光线照在上面的镜子上，然后再反射到下面的镜子里，下面的镜子又将光线反射进人的眼睛里，于是人就从下面的镜子里看见了海面上的景物。潜望镜就是利用这种光的反射原理来工作的。

第三章
走进力与运动的世界

1. 浮在水面的小纸盒

难易指数：★★★☆☆

 准备工作

　　20 枚回形针，一张铝箔纸片，一把尺子，一桶水。

 实验方法

　　（1）剪两张边长为 40 厘米的正方形铝箔纸片。

　　（2）用一张铝箔纸片包住 10 枚回形针，揉成一团纸球。

　　（3）把另一张铝箔纸片折成一只小纸盒。再把 10 枚回形针放在纸盒中。

　　（4）把铝箔纸盒和那团纸球都放在桶里的水面上，你会发现，纸盒会浮在水面上，而纸球会沉入水底。

探寻原理

　　纸球和纸盒的重量虽然相同，但是纸球占的空间相对较小。被物体排开的水的重量等于物体在水中所受的浮力，而纸球排开的水比较少，所以向上的浮力小于它的重量，纸球便往下沉。纸盒占的空间比较大，排开的水较多，浮力大于它的重量，所以纸盒会浮在水面上。

2. 浮在水面的针

难易指数：★★☆☆☆

 准备工作

一个水桶，一根针，肥皂水。

 实验方法

（1）往水桶里倒满水。

（2）待水面平静，将针轻置于水面中央处，发现针竟然漂浮在水面上。

（3）慢慢滴入肥皂水，针立刻沉入水中。

肥皂水是一种阴离子表面活性剂，它是能显著降低表面张力的溶剂，所以它能降低水的表面张力。

为什么肥皂水能降低水的表面张力呢？

 探寻原理

针之所以能漂浮在水面上，是因为水具有表面张力，从而托住了针。然而加入同为液体的肥皂水后，破坏了水的表面张力，所以针会立刻下沉。

3. 水怎么还能打结

难易指数：★★★☆☆

准备工作

一个大罐头桶，手钻。

实验方法

（1）用手钻在罐头桶底部的一侧并排钻5个小孔。

（2）把桶放在水龙头下方20厘米左右的位置后，打开水龙头，让水从5个孔中流出。

（3）让手指从这5个孔上滑过，这5股水合并起来了，就好像扭在了一起，打成了一个结

好神奇啊！这是为什么呢？

水分子是相互吸引的，因此产生表面张力。

探寻原理

实验中，我们看到这种张力能让水流导向一侧，然后再合并起来。水具有许多特性，其中的表面张力便是水能打结的关键所在。因为表面张力会使水柱的面积缩小，借手指做桥梁，便将很接近的两道水柱连接成一道大水柱。

4. 寻找重心

难易指数：★★★★☆

准备工作

一台打孔机，一枚图钉，一个垫圈，一根线（40厘米长），一把剪刀，一张纸板，一把直尺，一块布告板。

实验方法

（1）把纸板剪成一个不规则的形状。

（2）用打孔机在剪好的纸板任意处打4个洞，将线的一端绑在垫圈上，另一端绑在图钉上。

（3）将图钉穿过纸板上的一个洞，固定在布告板上。纸板和线要能任意摆动。

（4）当纸板和线停住以后，用笔和直尺沿着线的位置在纸板上画一条直线。

（5）依次用图钉穿过另外3个洞，重复（4）、（5）的步骤。最后纸板上会有4条交叉的直线。把纸板放在你的食指上，指头对准4条线交叉的点。

探寻原理

实验中找出纸板重心的方法叫"悬挂法"。重心是物体保持平衡的点，纸板的重心就在4条线交叉的交叉点上。所以，把食指放在这一点上，纸板就会在你的食指上保持平衡。

5. 失重的感觉

难易指数：★ ★ ★ ☆ ☆

准备工作

三根木条，一条细链条，一根细线，带托盘的台秤，砝码，钉子若干，一把锤子，一盒火柴。

实验方法

（1）用锤子将3根木条钉成一个n形木架。

（2）将细链条的一端固定在木架的横梁上，另一端用细线系在这一端的一个环上。

（3）把装好的木架放上台秤，当组合物静止时，观察台秤指针所显示的数字。

（4）点燃火柴烧断细线后，台秤上的数字变小了。当链条下落到静止状态时，台秤又恢复到了原来的数字。

探寻原理

链条下落时会发生失重现象。此时，物体对它的支撑体的作用力就会减小。实验中，链条对木架的拉力减小，从而导致台秤显示的数字减小。

6. 不会溢出来的水

 **准备工作**

一个平底盒子，一个装满水的杯子，一个透明的塑料袋。

实验方法

（1）把塑料袋四个侧面都剪掉一小部分，以便能看见里面。

（2）将平底盒子平放在塑料袋中，然后拿一个杯子，装满水后，小心平放进盒子里面。

（3）将塑料袋拎起来来回走动，发现杯子里的水一点儿也没溢出来。

探寻原理

塑料袋能吸收人手的抖动而产生的振动，而且当用手提起塑料袋时，横向的摇动就变成以提塑料袋的手为中心的钟摆运动。杯子的重力提供了向心力，因此水不会溢出来。

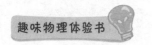
7. 纸筒"电梯"

难易指数：★★☆☆☆

准备工作

两条光滑的绳子，两个大型曲别针，一本薄杂志。

实验方法

（1）将杂志卷成圆筒状，并且上下用曲别针夹住定型。

（2）将绳子对折由上往下穿入圆筒内，另一条也同样对折由下穿进圆筒内，然后穿过上面的绳子钩住下面的曲别针。

（3）双手上下握住绳子的两端。

（4）当下面的绳子松弛，上面的绳子拉紧时，圆筒便往下降；当上面的绳子放松，下面的绳子拉紧时，圆筒便往上升。

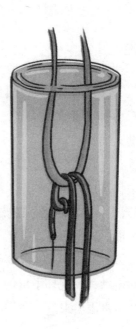

探寻原理

地球上的万物因为引力的作用均有下落的趋势，所以当下面的绳子松弛时，圆筒由于本身的重力向下落。而当下面的绳子向下拉的时候，圆筒就向上升。通过力的传递，将下面绳子与上面绳子的接触点、下面曲别针的接触点，达到传递力的目的。

8. 落地实验

难易指数：★★☆☆☆

 准备工作

一张纸，一本面积比纸大的书。

 实验方法

（1）用一只手拿纸，另一只手拿书。两只手举在同一高度。

（2）同时松开两只手，发现书先落地。

（3）把纸放在书上，纸的边缘不要越过书的边缘。

（4）把书放在齐腰的地方，然后松开手。发现书和纸同时落地。

 探寻原理

当书和纸分别松开的时候，由于书的重力大于空气阻力，所以空气阻力对书的下落速度影响不大，书会很快落地；而纸的重力与空气阻力相当，所以纸会慢慢落下。当纸放在书上时，纸与书空气阻力是一样的，所以会同时落地。

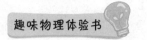

9. 速度与重心的关系

难易指数：★ ★ ☆ ☆ ☆

准备工作

一张桌子，两本一样厚的杂志，一卷大的胶带纸，两只一样大的瓶盖，一颗弹珠。

实验方法

（1）把杂志放在两只相邻的桌脚下，使桌面倾斜。

（2）用胶带纸将两只瓶盖背靠背地粘在一起。

（3）请小伙伴拿着粘好的瓶盖，你则拿着弹珠和大的胶带纸，一起站在桌子垫高的那一边。

（4）将瓶盖、弹珠和大的胶带纸圈放在同一条横线上。同时放开这些物品，看哪一个滚动最快。

探寻原理

物体滚动的速度和物体的重心有关。质量均匀分布的物体，重心的位置只跟物体的形状有关。有规则形状的物体，它的重心就在几何重心上。比如，圆的重心就在圆心上。物体的质量分布越接近重心，物体的转速就越快。

10. 平衡杆的制作

难易指数：★★★☆☆

准备工作

两把叉子，一个杯子，一枚1元硬币。

实验方法

（1）把硬币固定在两把叉子的缝里，以硬币为支撑点，这样就做成了一个平衡杆。

（2）把硬币的一角放在杯沿上，以接触点为支撑点，轻轻地移动两把叉子，将平衡杆的重心调整到支撑点所在的重垂线上，这样就形成了一个平衡状态。

（3）移动杯子，平衡杆也不会掉下来。

 探寻原理

这个实验运用了力的平衡原理。两把叉子和一枚硬币组成的这个平衡杆的重心，与支撑点刚好在一条重垂线上，当平衡杆倾斜时，重心即使离开了这条线，晃动几下还是会重新回到支撑点所在的那条重垂线上的。

11. 蜡烛跷跷板

难易指数：★ ★ ★ ☆ ☆

准备工作

　　一根吸管，两枚回形针，一枚缝衣针，一个打火机，两个玻璃杯，两根细生日蜡烛。

实验方法

　　（1）把缝衣针穿过吸管中间部位，然后把两根蜡烛分别插在缝衣针的两端。

　　（2）把两个回形针卡在两个杯子的杯口。

　　（3）将吸管穿过杯子上的回形针，固定在杯沿上，这时跷跷板就做好了。

　　（4）点燃蜡烛后，跷跷板开始左右摇摆。

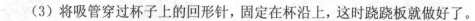

探寻原理

　　当跷跷板做好时，它的中心即平衡点正好在吸管中央。但是点燃蜡烛后，只要一端的蜡液滴下，这一端就会变轻，于是重心转移到另一端。两端的蜡烛不断滴下蜡液，重心也不断发生调整，跷跷板就会自动摇摆了。这个小实验就是利用了物理学中的杠杆原理。

12. 失衡的胡萝卜

难易指数：★☆☆☆☆

准备工作

一个胡萝卜，一个玻璃瓶，一把尺子。

实验方法

（1）把胡萝卜横放在玻璃瓶上并使它保持平衡。然后标记胡萝卜上的平衡点，把它切开。

（2）将一把尺子平衡地横放在玻璃瓶上。然后将切成两半的胡萝卜放在尺子的两端。

（3）你会发现，尺子向一边倒下，没有继续保持平衡。

探寻原理

实验中涉及"力矩"的概念。胡萝卜之所以能保持平衡，是因为"力矩"相等。而力矩相等就是"左边的重量乘以左边的重心到支点的距离"与"右边的重量乘以右边的重心到支点的距离"相等。胡萝卜取得平衡时，左右两边的力矩是相等的，但是尾部那端的重心到支点的距离较长，所以尾部那端的重量会轻一些。

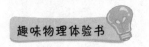
13. 自制不倒翁

难易指数：★★★☆☆

准备工作

一把锥子，一根蜡烛，一个生鸡蛋，热水，一根针管，一卷胶带。

实验方法

（1）在鸡蛋较尖的一端用锥子小心地戳个小洞，用针管把蛋黄和蛋清全部吸出来，再用清水洗净蛋壳，晾干。

（2）把蜡烛屑撒进蜡烛底部，然后封上小洞，放到热水里加热到蜡熔化。

（3）最后将蛋壳放置冷却，不倒翁就制作成功了。

探寻原理

不倒翁是利用物体的重心定性从而保持平衡的，实验中，装了蜡屑的不倒翁的重心被转到有蜡的位置，重心被固定了，不管你怎样推动蛋壳，它都会回复到原来的平衡状态。

小朋友还可以尝试向蛋壳里放沙子。但是沙子是流动的，它的重心无法确定，最后一推就倒。

14. 猴子踩滚筒

难易指数：★★★☆☆

 准备工作

　　一盒彩色胶卷盒，两个螺帽，一根细铁丝，泡沫塑料块，塑料套管。

 实验方法

　　（1）在胶卷盒盖和底部的圆心处钻一个和铁丝直径一样大小的小孔。

　　（2）用泡沫塑料简单制作一个小猴子。

　　（3）扭曲铁丝成一个曲轴。

　　（4）先把曲轴、两个螺帽和胶卷盒组装起来，用塑料套管定位。再做一个支架，装上小猴子就制成了。

　　（5）胶卷盒滚动时，就像小猴子脚踩滚筒运动，始终能保持平衡状态。

 探寻原理

　　这个小实验的原理和不倒翁相同，猴子和曲轴组成的系统其实和胶卷盒是独立的两个系统。曲轴始终保证两个螺帽的位置不动，使整个装置脚重头轻，保持平衡。

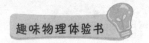

15. 无法拉直的绳子

难易指数：★★☆☆☆

一根线，一根粗绳子，两块砖头。

（1）用棉线把两块砖头捆在一起。

（2）把砖头绑在粗绳子中间，两个人各拉住绳子的一端。

（3）发现无论使多大劲儿，都无法使绳子拉直。

为什么用再大的力也拉不直绳子呢？

这是因为绳子中间悬挂的砖头使绳子的合力始终不为 0。

在上面的实验中，如果想要拉直绳子，绳子的张角越大，所需要的力就越大；张角越小，所需要的力就越小。小朋友，你们想通了吗？

16. 鸡蛋比核桃还坚硬

难易指数：★☆☆☆☆

 准备工作

一个生鸡蛋，两个核桃。

 实验方法

（1）把两个核桃握在手里用力挤压，它们的外壳很容易破碎。

（2）拿起鸡蛋放在手掌并握住，然后使劲儿去握这个鸡蛋。结果你会发现，无论你用多大的力气，鸡蛋一点事儿都没有。

真想不到鸡蛋居然比核桃还要坚硬？

是啊！以后可以两个鸡蛋一起拿，这样就不容易碎了。

探寻原理

核桃被捏碎是因为手中的杠杆力集中到了两个核桃接触的地方。而握鸡蛋的时候，手中的杠杆力分散到了鸡蛋的各个部位，分散后的力量不足以把鸡蛋捏碎。

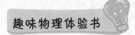
17. 风筝的尾巴

难易指数：★★☆☆☆

准备工作

一卷透明胶布，一把剪刀，一张彩纸，一卷棉线，一把尺。

实验方法

（1）先用剪刀把彩纸剪成18厘米宽、28厘米长的长条形，再用透明胶布把棉线粘贴在彩纸一端的中央，做成一个没有尾巴的风筝。

（2）握住手中的棉线在空中挥动，你会发现风筝上下摇摆不定。

（3）用剪刀剪两条长约35厘米，宽约3厘米的纸条，然后用透明胶布把它粘在风筝没有棉线的一端，再挥动风筝，你会发现风筝的摆动平稳了。

探寻原理

没有加纸条的风筝，因为容易受到气流的影响，所以会摇摆不定；加上纸条后，风筝不再摇摆不定，是因为加上的纸条起到了调节平衡的作用。

18. 木棍能提起米瓶

难易指数：★ ★ ☆ ☆ ☆

准备工作

一个瓶口较窄的玻璃瓶，一根木棍，一袋米。

实验方法

（1）把米倒进玻璃瓶并装满一整瓶。

（2）将一根木棍深深插入米中，同时把筷子周围的米用力按紧。

（3）握住木棍向上提，瓶子被提起来了。

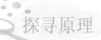

探寻原理

这个实验讲的是摩擦力。摩擦力是指两个表面接触的物体相互运动时或有运动趋势时互相施加的一种力。摩擦力在很大程度上与压力有关，同时也会受到两个物体间的摩擦系数的影响。

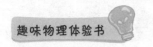
19. 轻松运木块

难易指数：★★☆☆☆

准备工作

一个弹簧，几支圆形铅笔，一块木块，一把直尺，一张纸。

实验方法

（1）把弹簧装在木块上，然后匀速拉动木块，用直尺测量弹簧的长度并记录下来。

（2）把准备好的圆形铅笔整齐地排列好，把木块放在这些铅笔上。

（3）再用弹簧匀速拉动放在铅笔上的木块，并用直尺测量弹簧的长度并记录下来。

（4）你会发现，下面垫了圆形铅笔后，很轻松地就能拉动木块，弹簧也变短了。

探寻原理

相互接触的物体运动时会产生摩擦力，接触面越粗糙，摩擦力就越大。在相同的条件下，质量越大的物体产生的摩擦力也越大。当木块下面垫上铅笔后，接触面变小，滚动摩擦产生的摩擦力，比滑动摩擦的要小，所以垫了铅笔的木块更容易拉动。

20. 瓶盖里的花纹

难易指数：★☆☆☆☆

 准备工作

两个大小一样的瓶盖（一个带花纹，一个不带花纹），两个同型号的塑料瓶（不带瓶盖）。

 实验方法

（1）先用不带花纹的盖子套在塑料瓶的瓶口上旋紧，然后再拧下来。

（2）再用带花纹的盖子套在塑料瓶的瓶口上旋紧，然后再拧下来。

（3）回想一下，哪个瓶盖比较容易拧开。是不是带花纹的瓶盖比较容易拧下来呢？

 探寻原理

拧带花纹的瓶盖时，手与瓶盖之间的摩擦力会增大，从而更容易拧开。而拧不带花纹的瓶盖，手与瓶盖之间的摩擦力较小，容易打滑，不容易拧开。日常生活中，我们会看到各种各样的花纹存在，如轮胎、鞋底等，它们都是运用了相同的原理。

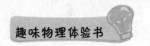
21. 奇特的水动力

难易指数：★★★☆☆

准备工作

一个纸杯，一根吸管，一卷双面胶，一卷透明胶，一块薄塑料板，一个装水的水盆。

实验方法

（1）在纸杯下部杯壁钻个小孔，把吸管插进去，然后用透明胶密封小孔。

（2）用双面胶把杯子固定在塑料板中间，然后放在水盆上。

（3）持续向纸杯里倒水，使吸管流出的水可以直接流进水盆，这时纸杯自己向前移动了。

探寻原理

吸管中流出的水给水盆施加了力，力的作用是相互的，水盆又会给水杯施加一个推力，于是水杯就向前移动了。这个实验的原理就是牛顿第三定律：两个物体之间的作用力和反作用力在同一条直线上，大小相等，方向相反。

22. 摔不碎的灯泡

难易指数：★☆☆☆☆

 准备工作

一个旧灯泡，一张报纸。

 实验方法

（1）在地面上铺一张报纸。

（2）把一只旧灯泡的金属部分朝下，然后松手。

（3）灯泡掉下来，但是并没有破碎。

 这个实验也可能失败，对吧？

 是的，因为如果是玻璃先接触地面，灯泡就会破碎。

探寻原理

　　灯泡的金属部分在落地时吸收了冲击力，保护了灯泡，灯炮才不会破。虽然金属部分落地时灯泡会略微跳动一下，但如此小的力量不足以使灯泡破碎。

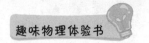
23. 自制回旋镖

难易指数：★★★☆☆

准备工作

一张硬纸板，一支铅笔，一张砂纸，一把剪刀，一把尺。

实验方法

（1）用铅笔在硬纸板上画出"V"形飞镖，两端的拐臂大约要25厘米。

（2）用剪刀沿着所画的线剪下来，并用砂纸把边角磨圆。

（3）夹住飞镖的一端，让另一端对着自己，使劲儿朝一个小小的斜度抛出去，飞镖会沿着一条曲线，最后又飞回到你的身边。

好厉害的回旋镖，回来可以多做几个分给小伙伴。

当然，我先预约一个，哈哈！

探寻原理

飞镖以一个小斜度被抛出后，始终会受到一个斜的空气阻力，然后它会不断改变方向，最后又飞回了抛出点的附近。

24. 纸桥实验

难易指数：★☆☆☆☆

 准备工作

三个杯子，一张旧杂志纸。

 实验方法

（1）并排放置两个杯子，杯子间的距离要小于纸的长度。

（2）像上图一样把纸折叠起来，然后将其架在两个杯子上。

（3）把一个杯子放到折好的纸上面，你会发现纸张像桥一样支撑着上面的杯子。

生活中哪些事物运用了相同的原理呢？

例如，大桥多个桥墩分散了桥面施加的压力，也是这个原理。

 探寻原理

把纸折叠起来，杯子的压力就分散到折叠状的纸墙上，从而比平面的纸张具有更大的承受力。

25. 甩干衣服

准备工作

一件湿衣服，一台具有甩干功能的洗衣机。

实验方法

（1）跟妈妈一起找一个开阔的地方拿起湿衣服，以身体为圆心快速旋转一圈，衣服中的不少水分被甩出来了。

（2）把衣服放进洗衣机进行甩干。

（3）取出洗衣机中甩干的衣服，感受一下前后湿度有什么不同。

探寻原理

以身体为圆心快速旋转一圈，衣服里的水会在离心力的作用下被甩出去。洗衣机的甩干就是利用这一原理。脱水筒快速转动，衣物和水之间的附着力小于向心力，水和衣物分离，被甩出。比如，田径比赛中的铁饼运动员也会转上几圈再将铁饼抛出。

26. 在空中旋转的牛奶盒

难易指数：★ ★ ★ ☆ ☆

准备工作

一个空牛奶盒，一根细绳子，一个小锥子，一个水杯，一个装有水的盆子。

实验方法

（1）在牛奶盒四个侧面的右下角各钻一个孔，再用锥子在纸盒顶部中央钻一个孔。并把细绳系在顶部的孔上。

（2）将牛奶盒放在水盆里，用水杯给纸盒灌上水。

（3）提起牛奶盒顶部的绳子，你会发现，牛奶盒在空中自动快速地旋转起来。

探寻原理

牛奶盒的小孔里流出的水会产生一个推力，因为牛奶盒的四个流水孔都在每个侧面的右下角，所以牛奶盒的每个角都受到了水流的推力，牛奶盒在推力的作用下快速旋转起来了。如果四个孔在牛奶盒侧面的中心，那么水流产生的推力将会相互抵消，牛奶盒也就无法旋转了。

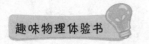
27. 生蛋？熟蛋？

难易指数：★☆☆☆☆

准备工作

一个煮熟的鸡蛋，一个生鸡蛋。

实验方法

（1）把两个鸡蛋放在平整的桌面上。

（2）把两个鸡蛋向着同一个方向旋转。

（3）转速较慢且晃动的就是生鸡蛋，而转得又稳、转速又快的就是熟鸡蛋。

我懂了，这和惯性有关。就像我们坐在行驶的汽车里，如果突然急刹车，我们的身体就会不由自主地朝前猛地倾倒。

没错，这都是惯性的作用。

探寻原理

旋转时，生鸡蛋蛋壳保持旋转状态，而液态的蛋黄和蛋清在惯性的作用下，仍然要保持原来的静止状态，因此这种不协调让鸡蛋晃动起来。而熟鸡蛋的蛋黄和蛋清类似于一个整体的固体，于是和蛋壳一起旋转，因此它能转得又稳又快。

28. 不倒的木块

难易指数：★☆☆☆☆

一张光滑的白纸，一块
木块，一张桌子。

（1）在桌子上铺平白
纸，然后垂直地放上木块。

（2）快速抽出白纸，
这时，你会发现，木块仍然
立着，没有倒下去。

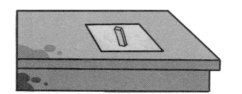

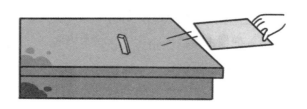

这是惯性的缘故。当物体忽然受到外力的作用时，会在短时间
内保持原来的运动或静止状态。木块之所以没倒下去，是因为惯性
在发挥作用。实验过程中，抽动白纸的速度一定要快，这样白纸对
木块施力的时间较短，施力不明显。反之，白纸就很可能会带着木
块一起运动。

29. 转不停的陀螺

难易指数：★★★☆☆

准备工作

一块硬纸板，一个圆规，一把剪刀，一把小刀，一根细木棒，一瓶胶水。

实验方法

（1）用剪刀在硬纸板上剪出一个圆形，然后用小刀在圆心处挖一个小孔。

（2）把细木棒插入小孔中，将木棒底端削尖，形成一个支点。

（3）用胶水黏合有缝隙的地方，这样就制成了一个简易的陀螺。

（4）以木棒尖端为支点，转动陀螺，它就不停地旋转起来了。

探寻原理

由于转动惯性，陀螺才能不停地旋转而且不倒。高速旋转的物体能保持转动的方向。陀螺旋转时能保持转轴向上，所以，即使它与平面的接触面很小，也能保持稳定。

30. 酸奶盒变身"直升机"

难易指数：★★★☆☆

准备工作

一个空的酸奶盒，一把剪刀，一根卫生筷，一卷透明胶带，一个订书机，一把尺。

实验方法

（1）从酸奶盒上剪下两张宽3厘米，长18厘米的纸片，交叠成"十"字，然后用订书机钉住，做成机翼，并在机翼前端缠上胶带。

（2）在"十"字机翼的交叉处钻1个小洞，插入1根卫生筷，用透明胶带固定。将"十"字机翼靠近交叉点的地方沿纸片的交叠线剪开，稍稍折压机翼使其中央略微向上凸起，合起双手夹住卫生筷，快速地搓手心使筷子旋转后，放开"直升机"，"直升机"就飞起来了。

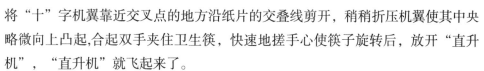

探寻原理

实验中，我们将直升机的机翼中央略微向上凸起，这样旋转的时候，会加快机翼上方空气的流动速度，使得气压也相对较低。我们来看看机翼下方是什么情况？机翼下方的空气会突然向各个方向涌出，空气不断撞击着机身，这时的大气压力会给机身一个向上的力量，当你松手时，直升机就盘旋升起来了。

第四章
探索热与冷的奥秘

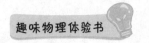

1. 冷水和热水的扩散

难易指数：★ ☆ ☆ ☆ ☆

准备工作

热水，冷水，蓝墨水，两个透明玻璃杯，一支滴管。

实验方法

（1）在一个杯子中倒入半杯冷水，在另一个杯子中倒入半杯热水，水量要相等。

（2）在两个杯子中都滴入1滴蓝墨水。

（3）你会发现，杯子里热水和蓝墨水比冷水和蓝墨水融合得更快一些。

探寻原理

墨水在热水里很快就散开了，但是在冷水里面却需要一段时间，这是因为分子扩散的速度与温度的高低成正比。温度越高，分子运动就越剧烈，扩散得也越快；温度越低，运动就相应平缓，扩散得也就慢一些。

2. 烧不沸的水

难易指数：★★★☆☆

准备工作

一个大烧杯，一个小烧杯，一个锅，水，一个酒精灯。

实验方法

（1）把适量水倒入大烧杯中，然后用酒精灯加热。

（2）把小烧杯放进大烧杯中，在小烧杯里倒入适量的水。

（3）过了一会儿，大烧杯中的水沸腾了，继续观察，小烧杯中的水一直没有沸腾。

探寻原理

温度达到水的沸点的同时，还要有高于沸点的热源把热量持续传递给它水才会沸腾。大烧杯里的水沸腾以后，温度虽然达到100度，但却无法提供给小烧杯足够的热量，小烧杯里的水是不会沸腾的，直到大烧杯里的水彻底蒸干为止。

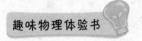
3. 盆中的"火山"

难易指数：★★★★☆

准备工作

一个大盆，热水和冷水，红色的水彩颜料，一个玻璃瓶（瓶子比盆稍矮一些），一支毛笔。

实验方法

（1）往大盆里倒入大半盆冷水，并且往玻璃瓶里倒入大半瓶热水。

（2）用毛笔蘸一些红色水彩颜料，放入玻璃瓶的热水里。然后把玻璃瓶迅速放入大盆的冷水里，让瓶子浸在水中。

（3）这时，玻璃瓶里的热水像炙热的火山喷发一样，一下涌到了冷水的水面上。

探寻原理

同质量热水的体积比冷水的体积大，因而密度比冷水的密度小。而密度小的液体一般会浮到密度大的液体之上。因此，玻璃瓶中的热水迅速上升，而盆中的冷水却下沉。这样，就出现了"火山"喷发的景象。

4. 轻松滑行的玻璃杯

难易指数：★☆☆☆☆

准备工作

一个玻璃杯，热水。

实验方法

（1）把玻璃杯用热水浸泡一会儿，在杯子里留下少许热水。

（2）将杯子迅速反扣在光滑的桌面上。

（3）轻轻推下杯子，杯子便在桌面上轻松地滑行起来了。

滑行时，注意控制好力度和速度，避免玻璃杯掉下来摔碎了。

没错，一定要注意安全。

探寻原理

实验中，当杯子迅速反扣在桌面上时，杯中留下的热量使得杯子里的空气开始热膨胀，从而把反扣的杯子微微向上托起，杯子和桌子之间已经有一层薄薄的空气膜。所以只要有一个小小的外力，杯子就向前滑动了。

5. 浮到水面呼吸的鱼

难易指数：★★★☆☆

 **准备工作**

一瓶雪碧，冷水，热水，两个大碗，两个玻璃杯。

 **实验方法**

（1）在两个玻璃杯中都倒入半杯雪碧。在两个碗中分别倒入小半碗冷水和热水。

（2）将两个玻璃杯分别放入碗中，仔细观察碗中饮料的变化。

（3）你会发现，置于冷水碗里玻璃杯中的饮料产生的气泡很少，置于热水碗里玻璃杯中的饮料产生大量气泡并迅速上升到液体的表面。

探寻原理

温度会影响气体在水中的溶解度，温度越高，溶解度越小。雪碧中含有大量二氧化碳气体，当放到热水碗里以后，温度上升，于是二氧化碳大量逸出。夏天温度比较高，水里的氧气大量逸出，这会让鱼儿缺氧，鱼儿只能浮出水面呼吸空气。

6. 电吹风筒的原理及应用

难易指数：★☆☆☆☆

准备工作

电吹风筒，一条湿毛巾，一个毛巾架。

实验方法

（1）稍微润湿毛巾，然后把它挂在毛巾架上。

（2）打开电吹风筒，分别启动冷风、热风两个按钮对毛巾吹风。

电吹风筒除了能吹头发，还有什么用处呢？

感冒初期，可以用电吹风筒在距离鼻子10厘米左右的地方由下至上吹鼻尖和鼻孔5～8分钟，能缓解鼻塞、流鼻涕等不适哦！

探寻原理

电吹风的工作原理非常简单。在电吹风的出风口处有电热丝，通电后它会发热产生高温。在电吹风的尾部有电风扇。通电时，电热丝会产生热量，风扇吹出的风经过电热丝，转变成热风。如果只是小风扇转动，而电热丝不热，那么吹出来的就是冷风。

7. 塑料袋热气球

难易指数：★★☆☆☆

准备工作

电吹风筒，一个黑色垃圾袋，一卷胶带，一根细绳。

实验方法

（1）选择一个晴天的午后，用手将黑色的大垃圾袋口收拢抓紧。

（2）用吹风筒向里面吹热风，直到袋子膨胀起来。

（3）迅速收紧袋口，用胶带固定，然后用长线牢牢地绑住。

（4）在屋外放飞袋子，只见黑色的袋子缓慢地飞上天空。

探寻原理

黑色垃圾袋很容易吸收太阳光的热量，袋子里的空气升温膨胀，由密度方程我们可以知道，袋子里的空气膨胀以后密度就变小了。膨胀的袋子因为体积变大，受到的空气浮力也就随之变大，自然就会升向天空了。

8. 铜丝熄灭烛火

难易指数：★★☆☆☆

准备工作

一根粗铜丝，一根蜡烛，一个打火机。

实验方法

（1）将铜丝缠绕成1个圈，圈的内径比蜡烛直径要稍小一些。

（2）点燃蜡烛，用线圈从火焰上罩下去，使蜡烛的火焰正好被罩在铜丝内，发现火焰熄灭了。

铜丝怎么会熄灭烛火呢？

铜丝具有良好的导热性，它能带走火焰的大部分热量，使得蜡烛的温度低于着火点，于是就熄灭了。

探寻原理

燃烧是一种非常普遍的现象，但是燃烧是有条件的，通常需要可燃物质、助燃物质和着火点三个基本要素，实验中，燃烧不能满足着火点这个因素，所以才会熄灭。

9. 变弯的铁丝

难易指数：★★☆☆☆

准备工作

一根一米长的铁丝，若干枚螺丝钉，一根蜡烛。

实验方法

（1）拉直铁丝，并在铁丝两端用螺丝钉悬空固定住。

（2）用蜡烛在铁丝中部加热。

（3）过了一会儿，你会发现铁丝变弯了。

我知道了，以前的铁轨每隔一段都有一定的缝隙，就是这个道理吧？

没错，火车行驶在铁轨上，车轮与铁轨之间的摩擦会产生热量，这些热量能使铁轨受热膨胀，而铁轨受热伸长后，它们之间的空隙也就不见了。

探寻原理

这个实验运用了热胀冷缩的原理。铁丝受热会伸长，但是当铁丝的两端被固定住以后，无法向两端延伸，只能向下弯曲，如果把铁丝的温度降到特别低，它又会发生收缩。超过一定的限度，铁丝还会发生断裂。

10. 金属的导热性

难易指数：★★★★☆

准备工作

3块大小厚度相同的铜、铁、铝金属薄片，一根蜡烛，一个打火机，一把镊子，一个秒表。

实验方法

（1）点燃蜡烛，将蜡油各滴5滴到铜片、铁片和铝片上面。

（2）用镊子夹住铜片，放到烛焰上，同时按下秒表，记载铜片上的蜡油完全熔化需要的时间。

（3）然后重复步骤（2）并分别记下铁片和铝片上的蜡油完全熔化所需的时间。

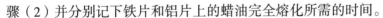

探寻原理

这三种金属，铜的导热性是最好的，铝次之，铁的导热性是最差的，所以铜片上的蜡油熔化得最快，铁片上的蜡油熔化得最慢。根据原子核外电子排布规律，原子半径越大，最外层电子数越少，原子越活泼，金属导热是由于核外电子的碰撞传递热量，所以电子越活泼，传递热的效果越好，导电快的金属，电子运动更频繁和自由，因此对于运动状态的传递也就快，也就是导热快。

11. 烧不着的纸杯

难易指数：★★★☆☆

一个纸杯，一根蜡烛，一个打火机，水，一根竹签。

（1）将竹签穿过纸杯的上半部，做成1个把手。

（2）在纸杯里装半杯水，然后点燃蜡烛。

（3）握住把手，将纸杯的底部置于蜡烛外焰，过一会儿，杯子里的水烧开了，但是杯子却没烧着。

为什么纸杯烧不着，水却能烧开？

这是因为纸杯和水的着火点不一样。

探寻原理

上述实验中涉及比热的概念，比热是指单位质量的某种物质温度升高1摄氏度所吸收的热量。因为水的比热很高，它会不断吸收蜡烛燃烧所散发的热量，纸的燃点在100摄氏度以上，而水是不可能超过100摄氏度的，所以只要杯子里有水，纸杯就不会燃烧。

12. 美丽的人造"星星"

难易指数：★★★☆☆

准备工作

铁屑，铝粉，几支蜡烛，一个打火机。

实验方法

（1）选择一个夜晚，找一块平地，将蜡烛放在平地上点燃。

（2）一只手握着铝粉，另一只手握着铁屑，挥动手的同时，把金属粉末轻轻地撒在火焰上。

（3）这个时候你会发现，一颗颗美丽的"星星"就出现了。

这是撒在火焰上的铝粉和铁屑燃烧的缘故。

好漂亮的"星星"啊！

探寻原理

铁屑和铝粉接触到空气中的氧气会燃烧，铝粉燃烧起来是银白色的，铁屑燃烧起来是金黄色的，这两种颜色混合在一起，从而形成了美丽的"星空"。

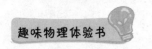
13. 棉线割玻璃

难易指数：★★★☆☆

准备工作

一根长棉线，一块玻璃，汽油，一个水盆，一个打火机。

实验方法

（1）把长棉线浸满汽油，放到想切割玻璃的位置上。

（2）用火柴点燃棉线。

（3）在棉线快熄灭的时候，把玻璃迅速地放进装有冷水的水盆里。

（4）玻璃沿着棉线放置的位置断裂了。

探寻原理

这个实验利用了热胀冷缩的原理，在玻璃上燃烧的棉线，会使线下的玻璃温度升高，于是此处玻璃会受热膨胀。迅速把玻璃放进冷水后，玻璃遇冷迅速收缩，因为玻璃是热的不良导体，其内外的伸缩程度不一样，经过这样的一伸一缩，玻璃就很容易沿着线的位置断裂开来。

14. 裂开的石块

难易指数：★★★☆☆

准备工作

冰箱，一块石头，一大杯水。

实验方法

（1）将1小块石头放入冰箱的冷冻室。

（2）半小时后，把石头取出来，放在室外。

（3）立刻用开水浇在石头上，你会发现石头裂开了。

热胀冷缩的原理为我们的生活带来了许多便利！

都江堰建于公元前256年，当时没有炸药，就是利用热胀冷缩的原理开凿岩石的。

探寻原理

石头在低温下冷冻，经高温的开水浇泼后，使得岩石表层与石头内部产生冷热差，其表面和内部的膨胀和收缩性不一样，因此石头裂开了。

15. 变色的碘酒

难易指数：★ ★ ☆ ☆

 **准备工作**

碘酒，水，一盒火柴，一根细线，一个有瓶塞的玻璃瓶。

实验方法

（1）在玻璃瓶中倒入40毫升左右的水，在水中滴入3滴碘酒，发现水变成了浅棕色。

（2）用细线把3根火柴绑在一起，同时点燃火柴，然后迅速放进瓶内，细线放在瓶子外，用瓶塞塞住瓶口，压住细线。

（3）火柴燃烧完毕，摇晃瓶子，你会发现浅棕色的溶液变成了无色。

 **探寻原理**

火柴头含有硫等化学物质，火柴燃烧时会产生一定的二氧化硫，它能使碘变成无色碘离子，所以瓶中的碘酒溶液变成了无色的透明水溶液。碘与二氧化硫以及水发生一系列化学反应，从而生成了硫酸和碘化氢，这两种物质都是无色的。

16. 燃烧的肥皂

难易指数：★★★★☆

准备工作

一块肥皂，一张砂纸，酒精（乙醇），一个空罐头盒，一个小烧杯，一个大烧杯。

实验方法

（1）取下空罐头盒顶盖，把空罐头盒洗净晾干。

（2）用砂纸把肥皂擦成粉末状，将肥皂粉末倒入小烧杯，然后倒入适量酒精。

（3）大烧杯中加入60℃的热水，然后将小烧杯放进大烧杯中，同时搅拌小烧杯，直到肥皂末溶化。

（4）取出小烧杯，静置10～20分钟，使其凝固。

（5）取一块固体混合物，放在空罐头盒里，一点就迅速燃烧起来，最后只留下极少的灰烬。

探寻原理

肥皂的主要成分是硬脂酸钠，加热溶于酒精（乙醇）以后，形成凝胶状固体物，这种凝胶状固体物易于燃烧。

17. 接力燃烧的气体

难易指数：★★☆☆☆

准备工作

一根10厘米长的铁管，一根蜡烛，一盒火柴。

实验方法

（1）点燃蜡烛之后，将10厘米长的铁管一端放在蜡烛火苗的上方。

（2）把一根燃烧着的火柴放在铁管的另一端。

（3）你会发现，管口马上蹿出了火苗。

以后可以用这个实验作为我的魔术表演了！

哈哈，你可真是典型的现学现卖，要注意安全哦！

探寻原理

蜡烛燃烧时，烛芯火苗附近会产生可燃气体，它与氧气接触会燃烧。当没有完全燃烧的气体通过管道外溢时，在铁管的出口处点燃一根火柴，外溢的气体就接着燃烧起来了。没有充分燃烧的气体接触火焰以后再次燃烧，这就是本实验的原理。

18. 变色的纸花

难易指数：★★★★☆

准备工作

一张红色的皱纹纸，一包食盐，自来水，一个盘子，一个花瓶，一把剪刀，一双筷子。

实验方法

（1）把适量自来水倒进盘子，然后慢慢加入食盐，边加食盐边用筷子搅拌，直到水中不能再溶解食盐。

（2）把红色的皱纹纸放进盐水中，待纸片完全浸湿后，取出晾干。

（3）用剪刀把皱纹纸裁成花瓣形，扎成一朵纸花，然后装进花瓶中。

（4）仔细观察纸花，你会发现，大晴天时，花儿呈淡红色；阴雨天时，花儿呈暗红色。

探寻原理

被浓盐水浸泡过的皱纹纸具有吸湿性。晴天时，天气干燥、水分蒸发，花儿的颜色就变淡了；阴雨天时，空气中的水分多，吸收了水分后的皱纹纸，颜色就会变深。

19. 白色的字

难易指数：★☆☆☆☆

准备工作

一支毛笔，一个杯子，一张黑纸，一把小勺，一双筷子，食盐，水。

实验方法

（1）在杯中倒入适量的水，然后放入两勺食盐，并用小勺搅拌到食盐完全溶解。

（2）用毛笔蘸一些盐水在黑纸上写字，然后放在太阳下。

（3）盐水被烘干后，你会发现黑纸上出现了白色闪亮的字。

探寻原理

黑纸上的水分蒸发以后，只留下了盐的白色结晶。蒸发就是液体变为气体的过程，液体的物质分子不停地朝不同方向、以不同的速度运动着。温度升高时，液体分子就冲破分子之间的引力，变成气体分子逸散到空气中。

20. 哪种液体先结冰

难易指数：★★★★☆

 准备工作

三个玻璃杯，蔗糖，食盐，一把勺子，冰箱，一支标记笔，三张纸片，一瓶胶水，自来水。

 实验方法

（1）把等量的自来水分别倒进相同的三个玻璃杯中。

（2）第一个杯里什么都不放，第二个杯里加入两勺蔗糖，第三个杯里加入两勺食盐。然后用标记笔分别做出记号。

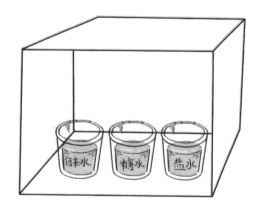

（3）把这3杯液体一起放进冰箱的冷冻室内，每隔半小时打开冰箱查看。

（4）你会发现，装自来水的杯子最先结冰，其次是糖水，而盐水最难结冰。

探寻原理

一般情况下，水溶液的浓度越高，凝固点就越低。虽然加入的蔗糖和食盐都是两勺，但是两勺食盐中含有的食盐分子的数目要远远大于两勺蔗糖中含有的蔗糖分子的数目，所以，盐水的浓度要高于糖水的浓度。因此，盐水比糖水更难结冰。而糖水的浓度又高于自来水的浓度，所以，糖水比自来水更难结冰。

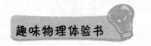

21. 被冷冻的泡泡

难易指数：★★☆☆☆

肥皂水，一个碟子，一根吸管，电冰箱。

（1）用水冲湿碟子，不用擦干。用吸管蘸着肥皂水在碟子表面吹起1个肥皂泡。

（2）把碟子小心地放进电冰箱，注意别弄破碟子上的泡泡。30分钟以后取出碟子，冷冻的泡泡就做好了。

因为放在电冰箱的肥皂泡里面有水，它在破裂之前会结冰，所以我们看到了冷冻的泡泡。而泡泡的形成是由于水的表面存在张力，这种张力是物体受到拉力作用时，存在于其内部而垂直于两相邻部分接触面的相互牵引力。水面的水分子间的相互吸引力强于水分子与空气之间的吸引力，这些水分子就像被粘在了一起一样。但水分子如果过度粘在一起，泡泡也不容易形成。肥皂"打破"了水的表面张力，它把表面张力降低到只有通常状况下的1/3，而这正是吹泡泡所需的最佳张力。

22. 水中燃烧的蜡烛

难易指数：★★☆☆☆

 准备工作

一小截蜡烛头，一枚铁钉，一个广口玻璃瓶，水。

 实验方法

（1）把玻璃瓶倒满水，然后把铁钉插入蜡烛头底部。

（2）将蜡烛头放进玻璃瓶中，并且使蜡烛头的烛芯刚好露出水面。

（3）点燃蜡捻，发现蜡烛能在很长一段时间里漂浮在水面上继续燃烧。

探寻原理

蜡烛头和铁钉的重力大于浮力，照理应该下沉，但在实验中观察到的是，蜡烛仍然漂在水面上继续燃烧，这是因为蜡在水中达不到熔点，所以不会蒸发和燃掉，于是这些蜡油就像一个漏斗，支撑着烛芯继续燃烧，直到水压的作用使得这层蜡烛壁破裂为止。

23. "跳舞"的小水滴

难易指数：★ ★ ☆ ☆ ☆

准备工作

一个铁皮罐头盒盖，一把小勺，火炉，自来水。

实验方法

（1）把铁皮罐头盒盖放在炉子上加热。

（2）用小勺往盒盖上滴几滴自来水。

（3）这时，你会看到小水滴悬在盒盖上面并且来回蹦跳，还发出咝咝的响声，直到完全消失。

探寻原理

水滴接触到铁皮盒盖时，水滴的下半部分立即汽化，由此产生蒸汽的压力将水滴托了起来。而汽化后形成的水蒸气不是热的良性导体，所以整个水滴在没有达到沸点之前，不会立即沸腾蒸发，而是在铁皮盒盖上来回蹦跳，就像跳舞一样。

24. 自制冰激凌

难易指数：★ ★ ★ ★ ★

 准备工作

一瓶牛奶，一盒奶油，一包糖，调味料，一把盐，一个咖啡杯，一把小勺，一条毛巾，冰块，一个大碗。

 实验方法

（1）把适量的牛奶、奶油、糖和你喜欢的调味料一起放入干净的咖啡杯，然后慢慢搅匀。

（2）把装满奶油混合物的咖啡杯放进大碗里，同时用毛巾裹在大碗的外面。

（3）在咖啡杯与大碗之间的空隙中填满冰块，并在冰块里撒些盐，注意别把盐撒到咖啡杯里。

（4）不停地搅拌杯中的混合物。大约半小时后，混合物就成为可口的冰激凌了。

 探寻原理

在液体混合物冷冻变为固体的过程中，冰的粒子会慢慢形成。当冰激凌冷冻的时候搅拌混合物，能使冰变成小冰块。搅拌的时间越长，小冰块就变得越小。同时，搅拌也使空气进入混合物，最后冰激凌吃起来细滑爽口。

25. 窗台上的冰花

难易指数：★★☆☆☆

 **准备工作**

一个杯子，一片玻璃片（比杯子的杯口大），电冰箱，热水。

实验方法

（1）把热水倒进杯子里。

（2）拿起玻璃片，盖住杯口，一直到玻璃片上布满水蒸气。

（3）迅速把玻璃片放到电冰箱的冷冻室内。

（4）过几分钟，再将玻璃片取出，你会看到玻璃片上结了一层类似冰花的冰纹。

 探寻原理

窗户上的冰花是室内的湿热空气在寒冷的窗户上凝结而成的冰晶。当玻璃上布满水蒸气的时候，有的地方水蒸气堆积得多，而有的地方聚积得少。所以当冰晶向四周扩散时，冰就会结得薄厚不一。在冰非常薄的地方，遇到一点儿热，它又会立即融化，这样就形成了各式各样的花纹。

26. 裂开的塑料瓶

难易指数：★☆☆☆☆

准备工作

自来水，一个塑料瓶，电冰箱。

实验方法

（1）往塑料瓶内加满自来水，待水溢出瓶口后，盖上瓶盖。

（2）把装满水的瓶子放进电冰箱的冷冻柜内。

（3）第二天，把瓶子取出来，你会发现瓶子内的水都结成了冰块，而且瓶子也裂开了。

为什么瓶子会裂开呢？

因为水结成冰，体积变大了，所以瓶子就被撑裂了。

探寻原理

为什么水变成冰后体积会增大呢？我们知道，物体的体积等于质量除以密度，冰的密度比水的密度小，所以，质量相同的情况下，冰的体积比水的体积大。

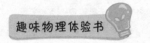

27. 冰也能让水沸腾

难易指数：★★★☆☆

**准备工作**

碎冰，一包盐，自来水，一个小口玻璃瓶，一口锅。

实验方法

（1）在锅里倒适量的自来水，加盐并搅拌，直到盐完全溶解，再把水加热至沸腾。

（2）在玻璃瓶中倒入半瓶自来水，把玻璃瓶浸在沸腾的盐水锅内，等瓶内的水沸腾后，取出玻璃瓶，迅速盖紧瓶盖。

（3）把玻璃瓶倒过来，等瓶内的水不再沸腾时，用开水浇玻璃瓶。这时，玻璃瓶内的水并没有再沸腾，在瓶底放一些碎冰，瓶里的水又沸腾了。

探寻原理

水达到沸点之后继续吸热，或者水的温度超过了沸点，满足其中一个条件水都能沸腾。但是水的沸点不是固定不变的，它可能会随溶解物或者气压的变化而变化。实验中，碎冰使瓶壁冷却，使瓶内的水蒸气冷凝。然后瓶内的气压就会下降，水的沸点随气压的降低而降低，这样，瓶内的水温就高于沸点，水自然就沸腾了。

28. 不一样的温度变化

难易指数：★★☆☆☆

 准备工作

两块冰块，水，两个玻璃杯，温度计，一根
小木棍。

 实验方法

（1）把等量的温水倒入两个玻璃杯中。

（2）将两块冰块分别放到杯子里，其中一
个用小木棍把冰块压到杯底。

（3）几分钟之后，插入温度计测量一下水温，我们会发现冰浮在水面上的
要比压入水底的水温低。

同样的水
和冰块，为什
么量出的温度
不一样呢？

因为漂在
水面的冰块
带起的对流
使水温下降
得更快了。

探寻原理

冰融化吸收附近的热量，导致水的温度相应降低。当冰块漂在
水上时，对流旺盛，所以水温下降得快。而把冰块压在杯底，只是
杯底和冰块接触的那部分水，因此水温下降得慢。

第五章
揭示神秘的电与磁

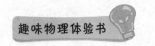

1. 站立的肥皂泡

难易指数：★★☆☆☆

准备工作

有机玻璃尺一根，毛料布一块，少许洗衣粉，少许白糖，一根玻璃管。

实验方法

（1）按1∶10的比例把洗衣粉放入水中，然后加入少许白糖得到待用的肥皂液。

（2）用玻璃管吹出一些肥皂泡，并使这些肥皂泡落在平铺于桌子上的毛料布上。

（3）用毛料布和有机玻璃尺摩擦，让有机玻璃尺带上负电荷。

（4）将有机玻璃尺移到肥皂泡的上方，它会把肥皂泡向上吸引，使肥皂泡向上伸长。

（5）在有机玻璃尺的指挥下，肥皂泡都像挺直了腰，站立起来一样。

探寻原理

毛料布和有机玻璃尺摩擦时，使有机玻璃尺带上了负电荷。因为带电体具有吸引轻小物体的特性，同样可以吸引肥皂泡，所以能把肥皂泡拉长，使肥皂泡像站立起来一样。

2. 互相排斥的气球

难易指数：★☆☆☆☆

 准备工作

两个气球，两根绳子，一件毛衣。

 实验方法

（1）吹大两个气球，并用绳子绑住，将它们放在毛衣和头发上摩擦一会儿。

（2）双手各拉住一根绳子让气球自然下垂，两个气球会彼此排斥互不靠近。

（3）将摩擦过的气球靠在衣服上，它会紧贴着衣服而不掉下来。

 探寻原理

电荷分为正电荷与负电荷，它们之间同性相斥，异性相吸。气球与毛衣、头发摩擦后，带上了相同的负电荷，所以两只气球相互排斥。而摩擦时，毛衣被取走了负电荷，带上了正电荷。异性相吸，所以两只气球就贴在毛衣上了。但是如果把手放在两个气球之间，阻断了电荷的吸引，气球就会马上靠近。

3. 会发光的糖

难易指数：★☆☆☆☆

准备工作

　　一个带窗户和窗帘的房间，两块方糖。

实验方法

　　（1）关掉房间内所有的灯，并拉上窗帘，让眼睛适应黑暗的房间。

　　（2）迅速摩擦两块方糖，或用一块方糖敲击另一块。在这两块方糖碰撞的时候，你能看到微弱的光。

探寻原理

　　在自然界中，有些固体介质被挤压、拉长时，晶体会产生极化，并在相对的两面上产生异号的束缚电荷，糖的晶体就有这种特性。糖分子中存有化学能，摩擦或敲击两块方糖时，由于压力的作用能将化学能转化为光能，因而就出现火花了。

4. 梳子牵引乒乓球

难易指数：★★☆☆☆

准备工作

一把塑料梳子，一个乒乓球，一块毛料布。

实验方法

（1）选择一个干燥的天气，把乒乓球放在能让它自由滚动的桌面上。

（2）用塑料梳子迅速地在毛料布上来回摩擦，使其带上电。

（3）把梳子靠近乒乓球时，你会发现，乒乓球"主动"朝梳子滚过去了！

（4）如果移动梳子，你又会发现，梳子能牵着乒乓球滚动。

探寻原理

梳子与毛料布摩擦后，梳子就带上了多余的负电荷。当它靠近乒乓球时，就会使乒乓球的表面带上多余的正电荷。异性电荷相互吸引，而且乒乓球自身又很轻，所以乒乓球便朝梳子滚过去了。

5. 会放电的手指

难易指数：★☆☆☆☆

准备工作

一个干燥的玻璃杯，一把金属小铲子，羊毛织物，泡沫塑料。

实验方法

（1）在干燥的玻璃杯上放一把金属小铲子。

（2）先让羊毛织物和泡沫塑料相互摩擦，然后把泡沫塑料放在小铲子上，用手指触碰小铲子的手柄，就会产生小小的电火花。

真的能放电，感觉像被蜜蜂蜇了一下。

对，小朋友们平时用电时，一定要注意安全。

探寻原理

实验中手指能放电，是因为泡沫塑料与羊毛织物摩擦后，带上了负极电子。因同极的电子互相排斥，金属小铲子上原有的负极电子就会全部集中在铲子的手柄上，这时，用手触碰会出现放电现象。

6. 日光灯是怎么发光的

难易指数：★☆☆☆☆

准备工作

一个气球，一根日光灯管，一块抹布，一根绳子。

实验方法

（1）把气球吹起来，用绳子把口扎紧。

（2）用抹布把日光灯管擦净、擦干。

（3）找一个昏暗的房间，把日光灯的一端立在地板上。

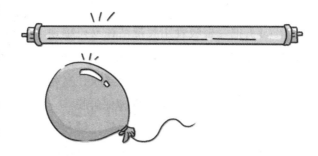

（4）用一只手扶住灯管，另一手拿着气球在灯管上小心并且快速地上下摩擦，之后将气球靠近灯管，灯管开始发光。

（5）不管把气球移到灯管的哪个位置，灯管的那个位置都会发光。

探寻原理

将气球在灯管上摩擦后，能让气球表面的电子增多，从而使灯管里的水银蒸发成蒸气，带电的水银蒸气会发出紫外线，紫外线又能使灯管内壁上的荧光物质发出可见光，所以灯管就发光了。

7. 冒火花的易拉罐

难易指数： ★ ★ ☆ ☆ ☆

 **准备工作**

一个晾干的空易拉罐，食品保鲜膜，一根吸管，一卷胶带。

实验方法

（1）把一根吸管用胶带粘在易拉罐顶端，当作把手，以免手直接接触到易拉罐。

（2）在易拉罐上包一圈保鲜膜，拿起吸管，让易拉罐悬空，然后揭掉保鲜膜。

（3）用手指轻触易拉罐，易拉罐和手指间就会冒出火花，还有一种触电般麻酥酥的感觉。

探寻原理

揭下易拉罐的保鲜膜时，会产生摩擦，使易拉罐积累大量电荷。因为易拉罐和人体都是导体，当手指与带有大量电荷的易拉罐接触时，就产生了放电作用，使得两个导体之间的空气被击穿而出现火花。

8. 会跳舞的米粒

难易指数：★★★☆☆

准备工作

一碗米，一把塑料勺子，一条羊毛围巾，一个碗。

实验方法

（1）把塑料勺子放在羊毛围巾上摩擦几下。

（2）把勺子放在盛有米的碗的上方。你会看到，米粒纷纷跳了起来，粘在勺子上面。不一会儿，米粒开始蹦蹦跳跳地向各个方向弹射出去。

探寻原理

一种物体的原子得到电子后会带上负电，失去电子会带上正电。电性相反的电荷会相互吸引，电性相同的电荷会相互排斥。塑料勺子带电之后把米粒吸引住了，电子转到了米粒上，米粒因此也带上了电。由于电性相同的电荷会相互排斥，所以，米粒会向各个方向乱蹦乱跳。

9. 有声音的土豆

难易指数：★ ★ ★ ☆ ☆

准备工作

一根铜丝，一根锌丝，一个生土豆，一副耳机。

实验方法

（1）把铜丝和锌丝都插入土豆中，两根金属丝相距1厘米左右。

（2）将耳机插头接触两根金属丝，这时，我们可以听到耳机里发出清晰的嚓嚓声。

除了土豆，好多蔬菜都能被做成电池，例如柠檬、西红柿。

对，本实验的关键在于利用了土豆汁作为电解质。小朋友们快来试试看吧！

探寻原理

土豆汁接触了两根金属丝（铜丝和锌丝），形成了原电池，从而产生了微弱的电流，这个现象最初是被意大利医生伽伐尼发现的，因此以他的名字命名。

10. 用醋做电池

难易指数：★★★★☆

准备工作

一个小灯泡，两根电线，一个玻璃盆，一瓶醋，若干枚回形针，一片铜片，一片锌片。

实验方法

（1）将灯泡插在灯座上，两端各接一根电线。把适量的醋倒进玻璃盆当作电池的电解质。

（2）将两根电线的两端用回形针分别固定在铜片或者锌片上，放进醋里，灯泡居然变亮了。

（3）把铜片和锌片取出，再将两根电线的两端放入醋中，灯泡没有变亮。

探寻原理

装有醋的玻璃盆就相当于一个干电池。干电池的锌片里包含有电解质和带微孔的碳棒，化学反应之后就产生了电流。玻璃盆里的锌片和铜片就起到了传导和化学反应的作用，去掉金属片，电解质就不产生作用了，灯泡也就无法发亮了。

11. 自制迷你麦克风

难易指数：★★★☆☆

三根铅笔芯，一个火柴盒，干电池，一副耳机，电源线。

（1）将所有笔芯刮光滑。用两根铅笔芯靠近火柴盒底两壁穿过火柴盒，然后在两根笔芯上横放一根短笔芯。

（2）把这个麦克风连上电话线。然后和电池、耳机连接起来。

（3）对折火柴盒说话，通过耳机，你能清楚地听到自己的声音。

当电流进入石墨笔芯后，你朝着火柴盒说话，火柴盒底就会震动，于是改变了笔芯间的压力，电流因此变得不均匀，而电流的不稳定又造成了耳机中声音的震动。麦克风的工作原理就是通过声音的震动，最后改变电流，从而将声音传递出去的。

12. 保险丝的原理

难易指数：★★★★★

 准备工作

一根铜线，一根非常细的铁丝，一根导线，一节1.2伏干电池，水泥台，一把钳子，一把尺。

 实验方法

（1）在水泥台上，先剪一根8厘米长的铜线和相同长度的铁丝。

（2）将两根金属线的线头拧在一起，形成一根长一些的金属线。

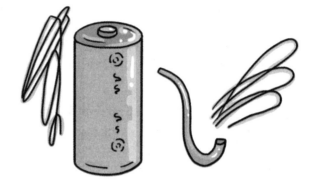

（3）把导线分别夹在金属线的两端，将两根导线分别夹在电池的两端，观察现象，接通电路后等一段时间，看看长金属线上的铜丝和铁丝会发生什么变化。

探寻原理

当电流流过导体的时候，电子和导体的原子碰撞，从而产生热能。铜丝是良好的导体，电阻小，电流通过铜丝时，基本不受阻碍，所产生的热量很小。相反，铁丝的电阻很大，产生的热量较多，所以很容易熔断。常见的保险丝是由电阻率比较大而熔点较低的银铜合金制成的导线，它能保证电路安全运行。

13. 自制漂亮的电火花

难易指数：★ ★ ★ ☆ ☆

一块玻璃板，一根电线，一根铅笔芯，一节9伏电池。

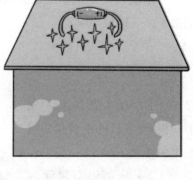

（1）将铅笔芯磨成粉状，将细碳粉撒在玻璃板上，铺成一个圆形。

（2）把一节9伏电池的一端和细碳粉的一端用一根电线相连。

（3）关闭室内所有灯光并拉上窗帘，用另一根电线连通电池和细碳粉的另一端。此时，细碳粉间就会产生跳跃的电火花。

> 这些电火花是从哪儿来的呢？

> 这是气体导电的结果。

细碳粉通上电就会产生热，这样的话，碳粉就产生了"蒸气"，并布满碳粉之间。电流通过碳"蒸气"会产生电弧光，就形成了跳跃的电火花。

14. 有趣的静电实验

难易指数：★☆☆☆☆

准备工作

电脑显示器，一块干净的布，一块粉扑，痱子粉。

实验方法

（1）把显示器的屏幕擦干净，然后打开电脑。

（2）半小时后，关闭电脑，用手指在电脑屏幕上写字。

（3）用粉扑沾一些痱子粉在电脑屏幕周围抖动，使粉尘吹向屏幕。

（4）你会发现，粉尘会被屏幕迅速吸过去，但是屏幕上写过字的地方却留下了空白。

探寻原理

打开电脑时，屏幕上会充满静电，即使关闭电脑，静电仍会在屏幕上停留一段时间。当在屏幕上写字时，手指触碰到的地方就会把静电抹掉。而充满静电的地方会吸附粉尘，不带静电的地方则不会，所以把粉尘吹向屏幕时，屏幕上就出现了字。

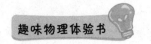

15. 曲别针做开关

难易指数：★★★★★

一枚曲别针，几枚图钉，一根电线，一个带有灯座的3.5伏的小灯泡，一节3.5伏的电池，一把钳子，一块木板。

（1）在木板上按两个图钉，两个图钉相距4厘米，然后把两根电线裸露的部分分别插入两个图钉的下面。

（2）掰开曲别针，把曲别针的一端压在一个图钉下面。

（3）把两根电线的另一端分别连接在灯泡的灯座上和电池的一端，把第三根导线连接在灯泡和电池之间。把曲别针的一端触碰另一个图钉，你会发现灯泡变亮了；移开曲别针，灯泡就熄灭了。

曲别针还能当开关用，神奇吧！因为曲别针能导电，所以当它同时接触到两个图钉时，就接通了电流。如果把曲别针从一个图钉上移开，电路中的电流就会被切断，灯泡也就随之熄灭了。

16. 舌头上的苦味

难易指数：★★★☆☆

 准备工作

铝箔，一把金属勺子。

 实验方法

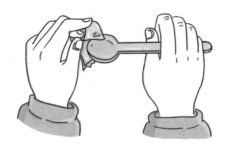

（1）把勺子和铝箔都碰一下舌头，你感觉不到任何味道。

（2）两只手分别拿着勺子和铝箔，将二者的一端叠加后放进嘴里。你会感觉到舌头上有一股苦味。

原本没有味道的铝箔和金属勺子为什么变苦了呢？

其实很简单哟。

 探寻原理

实验里，唾液可以看作电解质，勺子和铝箔重叠放进嘴里后，就形成了电池。又因为用手握着这两种金属，实际上相当于接通了电池，使之放电，舌头受到电流的刺激，才会感觉到苦味。小朋友，你想通了吗？

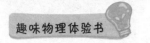
17. 电流产生的热效应

难易指数：★★★☆☆

准备工作

一条铝箔条，几枚图钉，一块小木板，一节4.5伏的小电池，两端裸露的导线。

实验方法

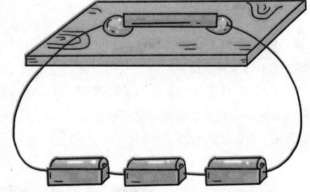

（1）把两枚图钉钉进木板里，其间距要小于铝箔条的长度。

（2）取两根导线，将它们的一端分别连接在两枚图钉上，另一端连接在两个电池上，再用导线把另一个电池连接起来。（正负两极要交替连接。）

（3）把铝箔条两端架在两个图钉上，不一会儿，铝箔条就发热了。

探寻原理

在这个实验中，铝箔条相当于一个电阻，它把一部分电流转化成了热能。在导体中流动的电能会有一部分转化为热能，白炽灯泡亮了一段时间后会烫手，运用的就是这个原因。

18. 制作简易防盗器

难易指数：★★★★☆

 准备工作

一节五号电池，一根电线，一条锡箔条，一把剪刀，一张薄纸片，一瓶胶水，一卷胶布，一个电铃。

 实验方法

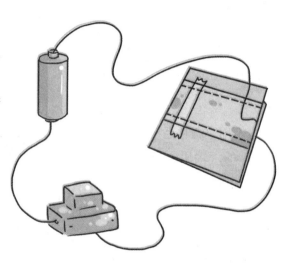

（1）剪一张长约18厘米、宽约10厘米的纸片，然后把纸片对折。

（2）把锡箔条用胶布固定在薄纸片上，中间要断开。

（3）用胶布把两根电线分别固定在上、下两条锡箔上。

（4）把电线、电池、电铃连在一起制成一个电路。这样一来，一个简易防盗器就制作成功了。

 探寻原理

把做好的简易防盗器放在门边试验，当人进屋时，踩在纸片上，电铃就会发出响声。这是因为两块锡箔被踩在一起时，整个电路被接通了，所以电铃发出了响声。

19. 摩擦后的放电现象

难易指数：★ ☆ ☆ ☆ ☆

 **准备工作**

丝绸和毛料，两个长气球。

实验方法

（1）用丝绸和毛料分别在两个气球的一端用适当的力度来回摩擦二十几次。

（2）两手各握一个气球，把气球摩擦过的一端慢慢相互靠近。

（3）在快碰到时，你会看到在两个气球之间出现了闪光，同时还能听到微弱的爆裂声。

探寻原理

因为气球经过摩擦都带上了静电，所以冒出了电火花。当两个带电的气球互相靠近时，会发生放电现象，也就是出现的电火花。

天空中的闪电也是一种放电现象，当两块带电的云相互靠近时，就会产生这种现象，这就是闪电放电的秘密。

20. 磁力船

难易指数：★★★☆☆

 准备工作

两只纸船，两块软木块，两枚大头针，一个装有水的盆子，一条胶条。

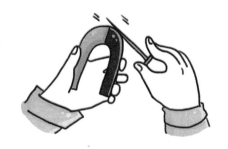

 实验方法

（1）用磁铁摩擦大头针后，使之带磁，然后给每只纸船都横插上大头针。

（2）把胶带贴在纸船和软木块上，使纸船固定在木板上，把纸船放入装满水的盆子里，刚开始它们做弧形运动，然后船头或船尾就相互贴近，转向东西方向。

 探寻原理

纸船沿着磁场路线相互接近，它们的运动受异性磁极的吸引和同性磁极的排斥，以及地球磁场的作用的共同影响。由于磁力的同性相斥、异性相吸，所以船的头部在磁力的作用下时而贴近，时而分开。

21. 没有声音的收音机

难易指数：★☆☆☆☆

准备工作

一台收音机，一个塑料盒，一个铁盒。

实验方法

（1）打开收音机，把它放进塑料盒里，收音机的声音变小了一些。

（2）把收音机放在铁盒里，收音机就完全没有声音了。

为什么铁盒里的收音机发不出声了呢？

这是因为铁盒干扰了电磁波，所以收音机无法再接收播放。

探寻原理

也就是说，当收音机被金属物体完全盖住以后，外界传来的电磁波会被金属完全吸收，这时，收音机无法收到信号，所以就没有声音了。实验里要说明的是金属物体对电磁波有一定的屏蔽作用。小朋友们，快来试试吧！

22. 自制指南针

难易指数：★★★★★

准备工作

一块条形磁铁，一枚针，一个塑料盘，自来水，一把刀子，软木塞。

实验方法

（1）在磁铁的一个极上朝同一个方向磨针几十次。

（2）在塑料盘中倒入水。

（3）切下薄薄的一片软木，把这片软木放在水面上，使其漂浮。

（4）然后把针放在上面，你会发现针居然指向北方。

探寻原理

地球是有磁性的，并且有自己的磁场。而指南针是指示磁场方向的仪器。指南针的南极会被地球的北极所吸引，因此它总会指向北方。在磁铁上磨过的针，也具有了磁性，相当于磁铁。水可以让针自由转动，于是针指向了北方。

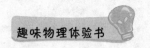

23. 自由移动的小钢珠

难易指数：★★☆☆

准备工作

几颗小钢珠，一个装有水的玻璃瓶，一块磁铁。

**实验方法**

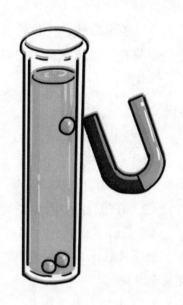

（1）把小钢珠放入有水的玻璃瓶里，把磁铁的一端靠在瓶底侧面，然后磁铁就吸住了小钢珠。

（2）磁铁贴着瓶壁慢慢向上移动，小钢珠也紧跟磁铁一起向上移动。

（3）当磁铁慢慢滑到瓶口处，小钢珠就会随着移动到瓶口，再将磁铁向上移动，小钢珠就会被磁铁吸附上来。

探寻原理

磁铁能吸引钢铁等磁性材料，并且磁铁的磁力能穿透玻璃、纸片、水等非磁性材料，对钢铁起到吸附作用。所以当磁铁贴在瓶壁时就能把小钢珠吸附过去，小钢珠随着磁铁的向上移动而向上移动，直到被吸出杯口，吸附在磁铁上。但是如果是钢制或者由磁性材料制成的杯子，这个实验就无法成功了。

24. 电磁干扰

难易指数：★☆☆☆☆

准备工作

一台收音机，一个气球，毛料。

实验方法

（1）打开收音机，收音机能正常播放。

（2）把气球吹起来，用毛料进行摩擦。

（3）摩擦一会儿，把气球靠近收音机，你会听到收音机里发出"刺啦刺啦……"的杂音。

探寻原理

电磁波是由同相振荡且互相垂直的电场与磁场在空间中以波的形式移动，其传播方向垂直于电场与磁场构成的平面，能有效地传递能量和动量。实验中，气球经过摩擦，带上了电荷，靠近收音机时就会产生电磁波，对收音机接收信号产生干扰，从而出现杂音。

25. 电池吸针

难易指数：★ ★ ★ ★ ☆

准备工作

一节电池，一段细电线，一枚缝衣针，一杯水，一块塑料泡沫，一卷胶带。

实验方法

（1）将针穿过塑料泡沫放进水杯。

（2）把电线的一端用胶带固定在电池一极上，然后用电线去接近针。再将电线的另一端接在电池的另一极上，用电线去接近针。通电时间不要太久，以免损坏电池。

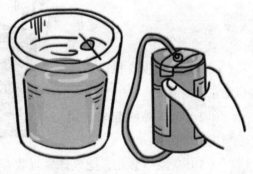

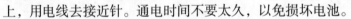
探寻原理

当电线的一端接通电池的一极时，用电线去接近针，发现它没有反应。而当电线的两端分别接通电池的两极时，用电线去接近针，它会朝电线的方向移动。这是因为电路接通后，相当于将电线变成一段磁铁，在它的周围形成了磁场，正是这个磁场吸引了针。电与磁在特定条件下是可以相互转化的，本实验就是通过电池的电流产生了磁力。

26. 趣味钓鱼

难易指数：★★★★☆

**准备工作**

一根筷子，一把剪刀，一卷胶带，一些水，一支笔，几枚回形针，一个浅水盆，几张美工纸，一根细绳，一块小磁铁。

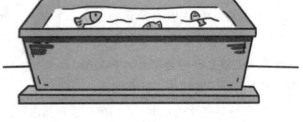**实验方法**

（1）在纸上画出一些鱼的形状，然后用剪刀把它们全部剪出来。

（2）在每条"鱼"的任意一处，都别上一枚回形针。

（3）把细绳的一端系上磁铁，另一端系到筷子上，做成钓鱼竿。

（4）往水盆里倒入水，把"鱼"放进去，"鱼"沉下去也没关系,拿着钓鱼竿，把它慢慢地放到水面上或者水里，磁铁就把"鱼"钓上来了。

探寻原理

之所以能钓到沉入盆底的"鱼"，是因为铁做的回形针被吸到了磁铁上，磁力也进入水中，而磁铁的磁力是不受水影响的，所以在水中也可以吸住回形针。

27. 吸管磁铁

难易指数：★ ★ ☆ ☆ ☆

准备工作

一些铁屑，一个指南针，一块长方形磁铁，一根吸管，一块橡皮泥。

实验方法

（1）在吸管中装入3/4体积的铁屑，然后用橡皮泥将吸管两端封严。

（2）将装有铁屑的吸管顺着磁铁长的一侧放置，静置一分钟。然后将吸管从磁铁上轻轻地拿开，再将吸管靠近指南针，发现指南针有摆动。

（3）将吸管摇动几次，再将吸管靠近指南针，观察指南针的指针是否摆动。

探寻原理

磁性物质中含有许多微小的磁性颗粒，当磁性颗粒排列整齐的时候，就会产生磁性。当铁屑靠近磁铁，被磁化时，因为铁屑里的许多原本无序的小磁粒会被磁力吸引，整齐地排列起来，从而产生磁性。当摇动吸管后，铁屑中原本整齐排列的磁粒又会变得无序，从而丧失了磁力。

28. 铅笔也有磁性吗

难易指数：★☆☆☆☆

准备工作

一支削好的铅笔，一支没削的铅笔，一块磁铁。

实验方法

（1）把没削的铅笔平放在桌子上，再把削好的铅笔放于其上，使得它保持平衡。

（2）用小磁铁小心接近铅笔尖，你会发现，铅笔会转向磁铁。

探寻原理

难道铅笔也具有磁性？这是因为铅笔中的石墨被磁铁所吸引的缘故。石墨中微小的原始磁颗粒本身是混乱排序的，碰到强磁铁的磁场能使其有序排列，出现南北两极，并随之被吸引。

29. 磁体的向极性

难易指数：★☆☆☆☆

准备工作

两枚钢大头针，一枚缝衣针，一块直径8厘米、长10厘米的泡沫塑料，两只玻璃杯，一块磁铁。

实验方法

（1）拿一块磁铁磁化两枚钢大头针，使其针尖相吸。

（2）把两枚大头针分别插入泡沫塑料的两端，然后用一枚缝衣针从中部穿过，使其搭在两只玻璃杯上。等它完全保持平衡

以后，把这个系统按南北方向放置，它开始朝地面北方倾斜。

探寻原理

沈括在《梦溪笔谈》中说道，指南针"常微偏东，不全南也"。这是世界上关于地磁偏角（磁偏角）的最早记载。由于地球自转轴所决定的地理南北方向与地球磁南极和磁北极所决定的地磁南北方向并不重合，所以存在一定的偏差。而磁偏角就是地球南北极连线与地磁南北极连线交叉构成的夹角。

30. 活灵活现的纸蛇

难易指数：★★★☆☆

准备工作

一张白纸，一支铅笔，一把剪刀，一盏小台灯。

实验方法

（1）用铅笔在白纸上画出螺旋线，再用剪刀沿着画好的螺旋线剪开，剪完后一条蛇就出现了。

（2）用铅笔尖把纸蛇支起来，然后把纸蛇轻轻地在铅笔上压一下，压出一个小凹痕，注意不要压穿。

（3）把台灯移到铅笔上方，你会发现，纸蛇绕着铅笔开始转动起来了。关上台灯后，纸蛇就会停止转动。

探寻原理

纸蛇之所以能"跳舞"，是因为灯泡通电后会发热，台灯附近的空气也随之变热。于是热空气上升，冷空气下降，冷热空气形成对流，产生了风，吹动了纸蛇，一条活灵活现的纸蛇就呈现在我们面前。

31. 忽有忽无的磁力

难易指数：★★☆☆☆

准备工作

一枚长铁钉，一根蜡烛，一个镊子，一枚大头针，一块小木块，沙子。

实验方法

（1）用镊子夹住铁钉，在蜡烛上烧红，再将铁钉埋进沙子里，让其慢慢冷却。

（2）拿铁钉轻触大头针，铁钉并不能吸引大头针。

（3）左手拿着铁钉，让铁钉的一头对准南方、一头对准北方。右手拿着木块，在钉帽上敲打几下。然后再用铁钉靠近大头针，这时铁钉能吸引一些大头针。

（4）把铁钉朝东、西方向敲打几下，铁钉又吸引不了大头针了。

探寻原理

铁钉内部有许多小磁铁，加热后，它们会无序地排列在一起，所以此时的铁钉没有磁力。但是，把铁钉朝南、北方向放置后，铁钉内部的小磁铁受到振动，并受到地球磁场的作用，整齐、规矩地排列起来，这使得铁钉具有了磁力。如果把铁钉朝东、西方向放置、再敲打，内部的小磁铁又会变得无序。此时，铁钉的磁力就会消失。

32. 测试磁力的大小

难易指数：★☆☆☆☆

准备工作

一块马蹄形磁铁，若干曲别针。

实验方法

（1）把磁铁横放在桌子的边缘，一端悬空，另一端与桌面接触放置。

（2）把曲别针吸附在磁铁的末端，然后一个一个衔接下去，看看最多能吸附多少个曲别针。

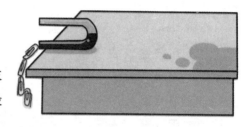

（3）调换磁铁的位置，将磁铁顶端悬空。用曲别针去吸附磁铁的顶端，观察磁铁能吸附多少个曲别针。然后让磁铁的各个部分去吸附曲别针，观察吸附情况。

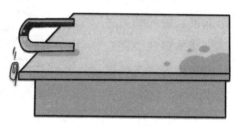

（4）你会发现，磁铁有的部位能吸附很多曲别针，而有的部位连一个曲别针也无法吸附。

探寻原理

从实验中我们得知，马蹄形磁铁的顶端吸附力最小，末端吸附力最大。这是因为马蹄形磁铁的南极和北极处于平行状态，所以，它的磁场主要集中在末端，而顶端和中间部分的磁场较小。

33. 被磁铁吸引的铝盒

难易指数：★ ★ ★ ★ ☆

准备工作

一根细绳，一块马蹄形磁铁，一个铝盒，一个脸盆，自来水，若干本书，一根木棒。

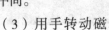

实验方法

（1）在脸盆里装入大半盆自来水，然后把铝盒倒放在水面上。

（2）用细绳把磁铁吊起来，将细绳的另一端绑在木棒的中央，然后把木棒固定在两摞书的中间。

（3）用手转动磁铁，使细线缠紧，让磁铁正好位于铝盒的上方。当磁铁与铝盒之间的距离非常接近时，松开手，让磁铁在铝盒的上方稳稳地旋转，不一会儿，铝盒竟然随着磁铁开始旋转了。

探寻原理

铝盒由许多闭合的回路组成，当这些回路受到转动的磁感线切割时，就会产生电流，并在磁场力的作用下会跟随磁铁转动起来。

34. 悬浮在空中的磁铁

难易指数：★★☆☆

准备工作

两块圆形磁铁，一卷透明胶布，一块塑料片。

实验方法

（1）让两块磁铁同极相对，把塑料片放在两块磁铁中间，不要超过产生排斥作用的范围。

（2）用透明胶布把磁铁的两端固定住。把粘好的磁铁竖着摆放在桌面上，抽出其中的塑料片。一个神奇的现象出现了，磁铁竟然悬浮在半空中了。

这个现象真是太神奇了！可以用来变魔术了！

这儿就是磁铁"同性相斥，异性相吸"的原理。

探寻原理

你知道吗？磁悬浮列车就是利用这个原理运行的。列车上装有电磁体，铁轨底部则装有线圈。通电后，因为线圈的磁性与电磁体极性相同，两者因为"同性相斥"的原理，就会使列车悬浮起来。铁轨两侧也装有线圈，车上的电磁体（N极）被轨道上靠前一点的电磁体（S极）所吸引，同时被轨道上稍后一点的电磁体（N极）所排斥，这样"前拉后推"，列车就向前跑啦！

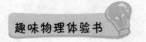

35. 自行车车灯发亮的原理

难易指数：★☆☆☆☆

一辆带磨电器的自行车。

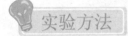

骑着自行车跑一圈，然后观察自行车。

　　正常情况下，两根导线才能形成完整的电路，但是这里只需要一根就够了，这是因为自行车在运行时，发电的磨电器内部有一个永磁体在一个铜线圈中旋转。这样，线圈内的磁力就能产生电压，电流随其通过导线到达车灯，先是通过灯泡的灯丝，再通过灯的外壳，自行车的前叉和磨电器的外壳又回到线圈，最重要的是磨电器上微小的接触螺丝通过绝缘的漆层进入前叉的金属，从而接通整个电路。

第六章
寻找空气中隐藏的秘密

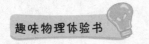

1. 流不出来的水

难易指数：★★☆☆☆

 **准备工作**

　　一个玻璃杯，一条手帕，一根橡皮筋，水龙头。

 **实验方法**

　　（1）用手帕把杯口盖住，同时用橡皮筋绑紧杯口，让杯口对准水龙头，放水时，水会透过手帕流进杯子里。

　　（2）等杯子里的水达到大半杯时，把杯子迅速倒转过来，杯口朝下。你会发现，水并没有流出来。

水为什么不会流出来呢？

是大气压力作用的结果。

 **探寻原理**

　　这是一个证明大气压力存在的实验。因为杯子外面的气压大于杯子里面的气压，所以外面的气压堵住了杯口，使杯子里的水无法流出来。

2. 画框的痕迹

难易指数：★☆☆☆☆

 准备工作

一幅带画框的画，一个有暖气的房间。

 实验方法

（1）在干净的墙壁上挂上一幅画。

（2）一个月后，把画取下来，你会发现，曾经挂有画框的地方的颜色和墙壁其他地方的颜色有显著差异。

为什么挂过画的墙壁颜色变了呢？

这是冷凝现象，听我给你好好讲讲哈！

探寻原理

　　暖气片周围上升的热空气在室内流动，碰到墙壁就会冷却，顺着墙壁向地面运动，画框后的墙壁温度比较低，于是就发生了冷凝现象。从墙壁掠过的空气，在冷却过程中留下一部分湿气，空气中的灰尘也随之留在此处，于是就形成了这个暗色的画框痕迹。

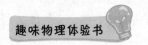
3. 瓶中的"爆竹"

难易指数：★★★☆☆

准备工作

一张纸片，一盒火柴，一个玻璃瓶，气球膜，一枚长针。

实验方法

（1）点燃纸片，然后迅速放入玻璃瓶里。

（2）用气球膜封住瓶口，不一会儿，瓶中的火熄灭了，气球膜被吸进了玻璃瓶里。

（3）用长针刺破气球膜，你会听到气球膜发出很大的声响，像燃放爆竹的声音。

探寻原理

纸片在玻璃瓶内燃烧时，会使瓶内的空气因受热膨胀而跑出一部分。当瓶口被气球膜封住以后，纸片因缺少足够的氧气而熄灭。这时，瓶内原本稀薄的气体逐渐冷却下来，气压减小，在外界大气压的作用下，气球膜被压进了瓶子里。气球被刺破的同时，外界空气立即从小孔进入玻璃瓶，在大量空气的挤压下，气球膜就发生了爆裂。

4. 不断碰撞的梨

难易指数：★★☆☆☆

 准备工作

两根细绳，n形的架子，两个大小相近的梨。

 实验方法

（1）把两个梨用绳子系好，悬挂在架子上，两个梨的间距不要太远。

（2）在两个梨之间用力一吹，梨就会发生碰撞。

吹一口气就能让两个梨发生碰撞？

没错！吹气以后造成的空气气压差将梨往中间挤压，于是两个梨就撞到了一起。

探寻原理

在我们生存的空间里，空气是无处不在的，同时它也是有重量的，并且占据一定的空间。两个梨间的空气被吹走后，气压会在短时间内下降，且与梨两旁的空气产生气压差，因此两个梨就撞到了一起。

5. 会呼吸的鸡蛋

难易指数：★★★☆☆

准备工作

一个鸡蛋，一个注射器，一瓶蓝墨水，一根缝衣针，一瓶万能胶。

实验方法

（1）把鸡蛋洗净擦干，用缝衣针在鸡蛋壳上小心地钻一个小孔，用注射器把蛋清和蛋黄都吸出来。

（2）用注射器把蓝墨水注入鸡蛋里。

（3）往鸡蛋里吹气，然后用万能胶封把针孔封好。

（4）你会看到，蛋壳上出现了很多小蓝水点，就像鸡蛋在呼吸一样。

探寻原理

鸡蛋壳上有许多气孔，当往鸡蛋里吹气时，蛋壳内的压力增大，蓝墨水会通过蛋壳上的气孔流出来，就像鸡蛋在呼吸。实际上，蛋壳内的雏鸡就是通过这些小孔进行呼吸的。

6. 蜡烛抽水机

难易指数：★★★★☆

准备工作

两个透明玻璃杯，一支长吸管，一块硬纸板，一支蜡烛，一个打火机，一把剪刀，一块橡皮泥，水。

实验方法

（1）把两个玻璃杯并列放在桌子上，在左边的玻璃杯中点燃蜡烛，在右边的玻璃杯中放入水。

（2）把吸管折成n形，在硬纸板上用剪刀剪1个小洞，然后把吸管的一端穿过去。

（3）把硬纸板放在左边的杯子上，用橡皮泥把硬纸板与杯子接触的地方密封好，并把硬纸板与吸管的接触处也密封好。把吸管的另一端放在右边杯子的水中。过一会儿，你会发现水慢慢从右边杯子流入了左边杯子。

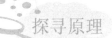

探寻原理

蜡烛燃烧耗尽了左边杯子里的氧气，同时因为左边的杯子是密封的，外界的空气无法进入，所以左边杯中的气压降低，而右边杯中的气压仍然正常，由于左右两边杯子存在压力差，水就被大气压压进了左边气压较低的杯子里。等到两个杯子里水的表面所承受的压力相等时，水便不再流动。

7. 空瓶"吞"鸡蛋

难易指数：★★☆☆

**准备工作**

一个煮熟的带壳鸡蛋，一个小纸团，一个打火机，一个玻璃瓶。

**实验方法**

（1）剥掉蛋壳。

（2）把纸团点燃，并迅速放进玻璃瓶里。

（3）迅速地把鸡蛋放到瓶口，慢慢地你会看到鸡蛋落进了瓶子里。

为什么外部的高压能把鸡蛋压入瓶里呢？

因为高压总是流向低压。

**探寻原理**

火燃起时，瓶里的空气受热膨胀，火熄灭以后，空气又变冷收缩了。这时，瓶里的气压变低。鸡蛋封住了瓶口，使外部的空气压力比瓶里的空气压力高，外部的高压压入瓶内，于是鸡蛋就被"吞"进了瓶子里。

8. 扎不破的气球

难易指数：★★★☆☆

准备工作

一个气球，一卷透明胶带，一根细绳，一根长铁丝。

实验方法

（1）把气球吹大，同时用细绳扎紧气球口。

（2）在气球上粘一条透明胶带，然后在与之相对的另一侧也粘一条透明胶带。

（3）把细铁丝从气球一侧的胶带上扎过去，并且穿过另一侧的胶带，然后拔出来。令人奇怪的是，气球并没有"啪"的一声爆破。

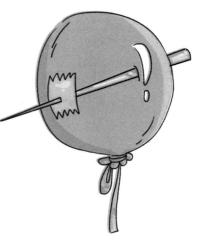

探寻原理

气球被扎破时，溢出的空气会形成一股压力，由于透明胶带比较坚固，所以它能抵挡这种压力，迫使气体缓缓从铁丝扎出的小孔处冒出，避免了气球"啪"的一声爆炸。而平时的气球一扎就破，是因为气球里充满了气，气球膜橡胶的分子结构被拉伸了，这时用针扎它，气球内外压强瞬间变化，在针扎处产生巨大的压力，这时已经被拉伸的气球膜承受不了这么大的压力，于是就爆破了。

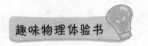
g. 反方向运动的氢气球

难易指数：★☆☆☆☆

准备工作

一个氢气球。

实验方法

（1）拉着系住氢气球的绳子坐进一辆密闭的客车里。

（2）司机开动客车后，人会往后倒，而氢气球却往前飞。

（3）而当车子忽然停下来时，人会往前倾，而氢气球却往后飞。

探寻原理

当车子突然开动时，在惯性的作用下，人会往后倾，同时空气也受到惯性的作用，会向后倾。但是由于氢气球内的氢气比空气轻，所以氢气球会在空气反作用力的推动下向前移动。同理，当车子突然刹车时，空气会向前移动，氢气球会在空气反作用力的影响下，往后移动。

10. 空中飞舞的乒乓球

难易指数：★☆☆☆☆

 准备工作

一个吹风筒，一个乒乓球。

 实验方法

（1）使吹风筒的出风口朝上，然后打开吹风筒。

（2）把乒乓球轻轻放在出风口上方的热气流上。你会发现乒乓球悬在吹风筒的上方不停地"跳舞"。

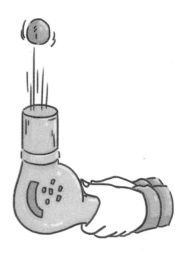

乒乓球不会掉下来吗？

看了下面的原理你就知道啦。

 探寻原理

吹风机吹出的热气流可以托住乒乓球，由于热气流内部的压力要小于外部压力，所以每当乒乓球想脱离这股热气流时，气流周围的气压就会把它"压"回来。

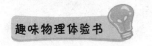

11. 不一样大的气球

难易指数：★★☆☆☆

准备工作

两个同样的气球，一段15厘米长的橡皮管，若干夹子，两根橡皮筋。

实验方法

（1）将一个气球吹足气，再把橡皮管的一端插入气球中，然后用夹子夹住橡皮管的中间，使其不漏气。

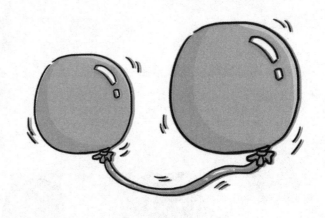

（2）再向另一个气球里稍微吹点气，固定于橡皮管的另一端。取下夹子，让两个气球里的空气自由流动。

（3）一段时间后，你会发现两个气球并没有变成同样大小，而且小气球里的空气总是进入大气球里。

探寻原理

可变容器中的流体，总是取决于表面积最小的状态，因为大球的容积等于两个小球的容积之和，那么大球的表面积比两个小球的表面积的和要小。于是小气球总是把空气排进大气球里。

12. 沉入水底的蜡烛

难易指数：★★☆☆☆

准备工作

一个透明的玻璃水缸，一支短蜡烛，一个玻璃杯。

实验方法

（1）向水缸中倒入一大半容积的清水，将蜡烛头放在清水中，发现它是漂浮在水面上的。

（2）用玻璃杯罩住水面上的蜡烛，然后松开手。

（3）随着玻璃杯一点点下沉，杯内的水面也在降低，蜡烛也随之慢慢下沉，最后和水杯一起沉入水底。

探寻原理

在自身重力和空气压力的作用下，蜡烛会下沉。当杯口压到水面上时，杯子里的空气就保持一定量。当杯子继续下沉时，杯内的空气就会受到水的压缩。杯内空气体积缩小，同时压强增大，这时杯内的气体压强比外面的压强要大。于是原本浮在水面上的蜡烛也被杯内气体压力向下压，直至沉入水底。虽然蜡烛被玻璃杯带入了水底，但是水的密度比蜡烛的密度大，因此蜡烛在杯子里仍然是漂浮的。

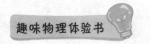
13. 空瓶的魔力

难易指数：★☆☆☆☆

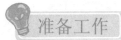
准备工作

一块橡皮泥，一个细口玻璃瓶，一个漏斗，一瓶果汁。

实验方法

（1）把漏斗插进玻璃瓶，然后用橡皮泥密封瓶口与漏斗之间的缝隙。（注意：瓶口完全密封，效果才会更好。）

（2）把果汁倒入漏斗，你会发现，果汁无法从漏斗流下去。

为什么果汁流不下去呢？

这是因为大气压在起作用！

探寻原理

看似空空的瓶子里实际上充满了空气，由于用橡皮泥密封了瓶口与漏斗之间的缝隙，所以通过漏斗往瓶子里倒果汁时，瓶子里的空气无法"逃出来"，产生的大气压阻止了果汁下落。

14. 小小保温盒

难易指数：★ ★ ★ ☆ ☆

准备工作

一个鞋盒，两个玻璃杯，一个温度计，棉花，开水。

实验方法

（1）将棉花塞满鞋盒，做成一个简易的保温箱。

（2）在两个玻璃杯里都倒入等量的开水，一杯放入保温箱，另一杯放在桌面上。

（3）半小时后，用温度计测量两杯水的温度，发现保温箱里的水的温度明显要高于桌面上玻璃杯内水的温度。

探寻原理

纸盒和棉花都是热的不良导体，而且空间狭小，减少了空气的流通，热的对流和传递很少，所以鞋盒中玻璃杯内的开水温度下降得慢。日常生活中，我们用的保温饭盒就是利用这个原理做出来的。

15. 瓶式温度计

难易指数：★★★☆☆

一根吸管，一个干净的空墨水瓶，一个软木塞，一个锥子，一瓶墨水，一条胶条。

（1）把墨水倒入空瓶子里，然后用软木塞塞紧。

（2）在软木塞上穿1个孔，插入1根吸管，一直插到瓶中的墨水里，用胶条密封瓶口。一个简易的温度计就做好了。

原来温度计的制作这么容易啊！

是啊，你也可以试一试！

探寻原理

瓶中的空气会随着温度上升而膨胀，而后压力增加，压迫水平面，使墨水进入吸管中，于是水平面显示出温度的差异。我们可以参照真正的温度计，在瓶子上标出刻度，这个瓶式温度计就可以显示不同的温度了。

16. 硬币变活塞

难易指数：★★☆☆☆

准备工作

一个空啤酒瓶，一个1元硬币，电冰箱。

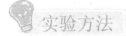

实验方法

（1）把空啤酒瓶放进电冰箱的冷藏室一段时间后取出，然后用水湿润瓶口。

（2）把硬币放在瓶口，双手握住瓶身，硬币就会上下运动一段时间。

硬币为什么会动呢？

这因为瓶内的空气受热膨胀，冲击着硬币，所以硬币就动起来了。

探寻原理

我们用双手捂着瓶子，使得瓶子的温度升高，瓶中的冷空气受热开始膨胀，但是由于瓶口和硬币之间的水阻止了它的外流，所以里面膨胀的空气不断冲击硬币，使得硬币变成了一个能上下运动的"活塞"。

17. 坚固的肥皂泡

难易指数：★★★☆☆

准备工作

一块肥皂，一个玻璃杯，一包砂糖，一袋纸包茶叶，一把剪刀，热水。

实验方法

（1）用小刀把肥皂切成小薄片，放入杯子，然后加入热水，使其慢慢融化。

（2）向杯子中倒入少量砂糖并放进一袋纸包茶叶，盖上盖子放一夜。

（3）用这种肥皂液来吹泡泡，泡泡会停留很长时间，不容易破。

探寻原理

加入纸包茶叶和砂糖是为了使其黏性增大，泡泡表面物质的联结力大大增强，分子之间的张力也随之增大。所以吹出的泡泡大且不易破。

18. 热胀冷缩的空气

难易指数：★★☆☆☆

准备工作

一个玻璃瓶，一个气球，电冰箱。

实验方法

（1）把空瓶子开口放在电冰箱的冷冻室里。

（2）一个小时后，取出空瓶子，把气球套在空瓶子的瓶口外，将瓶子置于室温15分钟。

（3）你会发现，气球居然鼓起来了。

探寻原理

把瓶子放到电冰箱以后，瓶里的空气被冷却后体积会缩小，因此更多的空气进入瓶内。等瓶口被气球密封以后，瓶内的空气因温度升高而膨胀起来，因此会进入气球，使气球鼓起来。

19. 有孔的瓶子竟然不漏水

难易指数：★ ★ ☆ ☆ ☆

一个塑料矿泉水瓶，一个小锥子。

（1）用锥子在瓶底钻个小孔。

（2）向矿泉水瓶内注水，水同时从瓶底小孔流出。

（3）拧紧瓶盖使瓶子不透气，水不再从瓶底小孔流出。打开瓶盖，水又从瓶底小孔中流出。

探寻原理

拧紧瓶盖堵住瓶口不透气，作用在瓶底小孔的大气压力就堵住瓶中的水不让它流出来。打开瓶盖，瓶口向下的大气压力和水的重力大于大气压力从瓶底小孔对水的压力，所以水又从瓶底小孔流出。这个实验的关键在于：①瓶内必须装满水，使瓶内接近真空；②孔的口径不能太大。

20. 浸水不湿的纸玩具

难易指数：★★★☆☆

准备工作

一张图画纸（或是厚纸板），一把剪刀，一支铅笔，一个圆规，一个装水的盆，一支彩色笔，一个透明玻璃杯。

实验方法

（1）用圆规在图画纸上画一个与杯口大小一致的圆，上面贴上自己喜欢的纸玩具。

（2）沿线剪开，并将玩具浮在装水的脸盆里。

（3）再用透明玻璃杯盖住纸玩具，并垂直压至水下。你会发现，水并没有进入杯内，而纸玩具也没有被浸湿。注意，必须以垂直的方式压玻璃杯底，否则玻璃杯倾斜，纸玩具会被浸湿。

探寻原理

当玻璃杯逐渐往下压时，因纸玩具的底部填满杯口，使杯内的空气无法往外流，从而阻止水灌入。因此，无论玻璃杯沉入多深的水底，纸玩具都不会浸湿。这个实验成功的关键在于：①纸板足够厚，水一时无法浸入杯子；②纸板和杯口大小一致。

21. 浸不湿的棉布

难易指数：★☆☆☆☆

准备工作

一块棉布，一个杯子。

实验方法

（1）把棉布紧紧塞到玻璃杯的底部。

（2）把杯口朝下放入水中。

（3）取出杯子，发现棉布没有湿。

这样的话，我们沉到水底是不是也能呼吸到空气？

是的，潜水钟就是根据这个原理制成的，利用潜水钟，我们在潜水时就能呼吸到空气了。

探寻原理

当棉布被紧紧地塞在玻璃杯底部以后，因空气是由细小的分子组成，倒过来的杯子里仍然有空气，它能阻挡水进入杯子里。如果杯子入水足够深，你会发现一些水还是进入了杯子里，这是因为逐渐增高的水压压缩了杯子中的空气。

22. 苍蝇拍为什么有孔

难易指数：★★★☆☆

准备工作

一张硬纸板，一把剪刀，一根木棍，一颗钉子，一根细铁丝。

实验方法

（1）用剪刀把硬纸板剪成苍蝇拍一样大小。

（2）然后把木棍当作手柄与硬纸板固定在一起。

（3）用做好的苍蝇拍去打苍蝇，你会发现，完全打不到苍蝇。

（4）用钉子在苍蝇拍上戳几个孔，再去打苍蝇，你会发现，很容易就打到了苍蝇。

 探寻原理

苍蝇对周围空气的变化非常敏感，它能感受到空气的运动，因而迅速逃跑。如果单纯用硬纸板击打苍蝇，是很难打到它的。当用有孔的拍子击打苍蝇时，空气从拍子间的空隙漏出去，苍蝇就感觉不到气流的变化，从而被打中。

23. 虹吸现象

难易指数：★★★☆☆

准备工作

一根两米长的塑料水管，一个装满水的水槽，一个大水桶。

实验方法

（1）把吸管的一端放到水槽的水里，另一端用嘴巴含着并慢慢吸气，当感觉水已经到达嘴边立刻停止吸气。

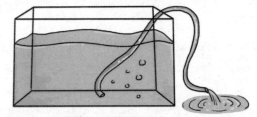

（2）用大拇指按住水管这端，防止水流回去。

（3）将大拇指按的这一端，放到地面的水桶里，使管口低于水面。松开大拇指，这个时候，没有施加任何力，水却源源不断地流出来。

探寻原理

当用吸管把水槽里的水吸到另一个管口时，水槽里的水和水管里的水形成一个系统，使得水流的重心发生了改变。当水管的一端低于水面时，水的重心就会落在水管顶点以外的地方，大拇指一放开，水自然就流出来了，水流出来以后，水管内便形成了真空状态，大气压力会把水槽里的水压入水管，以致管内的水持续上升，最后流到外面，这就是"虹吸现象"。

24. 简易降落伞

难易指数：★★★☆☆

 准备工作

一条手帕，一团结实的细线，一把剪刀，一块橡皮泥，一卷胶带。

 实验方法

（1）剪4根一样长的线，用剪刀在手帕的4个角上各剪1个小孔，将线分别穿过4个小孔。

（2）将4根线的另一头用橡皮泥固定在一起，做成一个简易的降落伞。

（3）收起手帕，拿着橡皮泥，把做好的降落伞从高处抛下，发现手帕逐渐展开，降落伞缓缓地落了下来。

 探寻原理

物体的降落与自身的重力有关，同时也会受到空气的阻力。降落伞在降落时，伞会张开，由于受到空气阻力的面积非常大，因此它会缓慢地降落到地面上。

25. 吸碗表演

难易指数：★★☆☆☆

准备工作

一个碗，一团湿棉花。

实验方法

（1）用湿棉花沾湿手心。

（2）把碗底放在手心上，微微旋转一下。

（3）任意移动或倒置，碗都不会从手心上掉下来。

探寻原理

用湿棉花将手沾湿，实际上是为了在旋转碗时能尽快把空气挤出去，使得手心和碗之间呈真空状态，这样，碗就能紧紧附着在手心上，不掉下来。小朋友，你通过做这个实验学会了变神奇的吸碗魔术，可以在联欢会上表演了。

26. 制作孔明灯

难易指数：★★★☆☆

准备工作

一截蜡烛，一根细线，一个金属的罐头瓶盖，一个大塑料袋，一个打火机，一个锥子。

实验方法

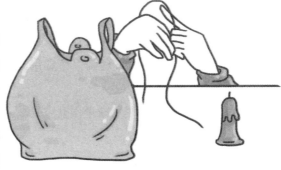

（1）在罐头瓶盖的两边用锥子各扎一个洞，把准备好的细线从洞里穿过去，把一截蜡烛头粘在罐头瓶盖的中间。

（2）用细线把粘着蜡烛的罐头瓶盖系在大塑料袋上。调整好线的长度不能让下面的蜡烛烧坏上面的塑料袋。

（3）找一块空地，把它放飞，罐头瓶盖里的蜡烛一定不要太长，以便它升空后不久就能自动熄灭。

探寻原理

蜡烛在燃烧时，会将上面塑料袋里的空气烧热，热空气的密度小于冷空气，所以同体积的空气比冷空气轻，于是孔明灯就飞起来了。但是等蜡烛熄灭以后，塑料袋里面的空气慢慢变冷，孔明灯就会掉下来。

27. 制作热气球

难易指数：★★★☆☆

准备工作

一个纸袋，一瓶胶水，一个小竹筐，一根铁丝，棉花，酒精。

实验方法

（1）用短铁丝缠住小竹筐挂在纸袋下面。

（2）在筐里放1个罐头盒盖，在盒盖里放1团酒精棉。

（3）点燃酒精棉，热气球慢慢升空了。

好想乘坐热气球飞上天空，就像雄鹰一样展翅飞翔！

是啊！有机会我们一定要去坐真正的热气球感受一下。

探寻原理

酒精棉燃烧后，会产生大量的热，使得纸袋里的空气温度升高，而热空气比冷空气要轻，热气托着纸袋向上，所以我们自制的"热气球"飞上了天空。

28. 水雾的形成

难易指数： ★ ★ ★ ☆ ☆

 准备工作

一把小刀，一根吸管，一个碗，水。

 实验方法

（1）用小刀在吸管的三分之一处，割开吸管的一面。

（2）向碗里倒满水，将短吸管的一头插入水中，使长的一头和短吸管形成90度直角。

（3）在长吸管的一端用力吹气，你就能看到吸管割口处出现水雾。

 探寻原理

在长吸管端吹气时，吸管割口处的气流流通比较快，气压下降。根据伯努利定理，气流通过快的地方，气压会下降。然而短吸管下端水面的气压，是正常的大气压，于是水面上的大气压就把水压进短吸管那一头，喷出来的水又被吹的气吹散，于是形成水雾。

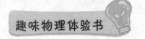
29. 巧取硬币

难易指数：★ ★ ★ ☆ ☆

准备工作

几枚硬币，一个盘子，一张小纸片，一个打火机，小半杯水，一个玻璃杯。

实验方法

（1）把硬币放入盘子里，在盘子里倒入小半杯水直到淹没硬币。

（2）点燃一张纸片，放入玻璃杯中，再把杯子罩在盘子里。

（3）玻璃杯中的水开始慢慢上升，最后，盘里的水全部进入杯子里。

（4）底盘露出了硬币，你可以取出硬币了。

探寻原理

纸片燃烧时，一部分空气被加热膨胀从杯中溢出。杯子罩入盘子后，火焰因缺氧很快熄灭了，杯里的气体迅速冷却，压力也随之下降。此时，外面的大气压大于杯里的气压，于是外面的大气压就把盘子里的水挤进了杯子里，硬币就露出来了。

30. 会吸气球的塑料杯

难易指数：★★☆☆☆

 准备工作

一个气球，一个塑料杯，一盆热水，一盆冰水，一根细线。

 **实验方法**

（1）把气球吹起来，不用吹得太大。用细线把口扎好。

（2）把热水倒进塑料杯里。

（3）一分钟以后把杯子里的热水全部倒掉，迅速地扣到气球上，然后再把塑料杯放在冰水里让它冷却下来。

（4）不一会儿，塑料杯就紧紧地粘在气球上了。

 **探寻原理**

这是热胀冷缩的缘故，用热水加热杯子的时间，杯子里的空气体积就会膨胀变大，等扣上气球冷却以后，杯子里的空气体积就会变小，为了保持平衡，大气压强会把气球压在杯子口，这样气球就被杯子紧紧吸住了。生活中的"拔火缺罐"就是利用这个原理。

31. 烟雾也会下沉

难易指数：★★☆☆☆

一根棉线，两个相同的玻璃杯，两个杯垫，热水，冰水。

（1）用冰水把一个杯子冲洗几遍后擦干。

（2）把一根棉线放进冰水冲洗过的杯子里，用杯垫盖住杯口，使棉线露出瓶外一段。点燃棉线，让烟雾充满整个杯子。

（3）用热水反复冲洗另一个杯子，然后擦干，待棉线熄灭时抽掉杯垫，然后将其迅速扣在装满烟雾的杯子上。

（4）你会看到烟雾下沉到杯底了。

这是因为冷空气的密度比热空气大，所以冷空气会沉在热空气下面，这样烟就不会升到上面的杯子里了。

32. 起作用的压强

难易指数：★☆☆☆☆

准备工作

一个大塑料袋，一块木板，几本书。

实验方法

（1）用书把平台的一侧垫高，将大塑料袋放在地上，上面放一块木板作为平台。

（2）在平台上放几本厚书，然后对着塑料袋吹气，不一会儿平台就被抬高了。

平台上放着那么重的厚书，为什么还能被抬高呢？

这是因为厚书的重量被平台平均地分散在了整个塑料袋上。

探寻原理

塑料袋上的每个接触点所承受的压强并不大，吹进塑料袋内的气体所产生的压强一旦大于每个接触点所承受的压强，就可以支撑书本和平台，把它们抬起来了。

参考文献

[1] 克里斯托弗·德罗塞.趣味物理的诱惑[M].南昌：江西教育出版社，2015.

[2] 尼古拉·康斯坦斯，弗朗索瓦·格拉奈尔.生活中的趣味物理——如何隐形及其他有趣的科学小实验[M].北京：机械工业出版社，2014.

[3] 姜运仓.物理趣话[M].北京：知识出版社，2013.

[4] 李营.物理王国趣话[M].天津：天津科学技术出版社，2014.

[5] 廖伯琴.玩转物理——聊动手做的乐趣[M].上海：上海交通大学出版社，2014.

[6] 谢志强.物理这样读更有趣[M].北京：中国社会科学出版社，2013.